宇宙ビジネスの法務

長島・大野・常松法律事務所 **大久保涼**◆編著代表

中村・角田・松本法律事務所 **大島日向**◆共同編著

弘文堂

はじめに

　2021 年 6 月 5 日、日本の民間企業による宇宙資源開発を認める「宇宙資源の探査及び開発に関する事業活動の促進に関する法律」（通称、宇宙資源法）が成立した。同様の法律を定める国家は、米国、ルクセンブルク、UAE に次いで 4 か国目である。日本は独自の有人ロケットを有せず、宇宙開発予算も米国や中国と比べて圧倒的に少ないものの、米国との提携によりスペースシャトルの時代から日本人宇宙飛行士を宇宙に送り、現在も ISS パートナーとして「きぼうモジュール」を有し、定期的に日本人宇宙飛行士を宇宙に送っている。科学探査の分野でも、ソーラーセイル、イオンエンジン、はやぶさ・はやぶさ 2 に続く火星の衛星フォボスのサンプルリターン計画など、少ない予算の中でも、強い技術力を持って一部の分野においては世界をリードしている。国民の宇宙への関心も、『銀河鉄道999』の時代から『宇宙兄弟』に至るまで歴史的に高く、ここ 10 年程度は宇宙ベンチャーがブームのようになっている。

　世界に目を向ければ、米国では、NASA が国際パートナーと有人月面開発を目指すアルテミス計画を進める一方で、SpaceX が有人 Dragon を実用化し、スターリンク衛星を 1700 機以上飛ばし、火星入植を目指してSuperheavy/Starship 宇宙船をものすごい速度で開発中である。中国も、月と火星でローバーを走らせるとともに独自の宇宙ステーションを建設中である。このように、近年の宇宙開発は加速度的に進んでいるが、その原動力の一つとなっているのは、宇宙活動の民間企業へのシフトである。米国のオバマ元大統領が 2010 年に官民連携を見据えた宇宙商業化の方針を打ち出してから、宇宙関連企業は各国宇宙機関のサポートを得て着実に力を付け、また欧米の宇宙関連ベンチャー企業の数は 1000 社を超える。投資銀行であるモルガン・スタンレーの推定によると、宇宙ビジネス全体の市場は、2040 年までに 1.1 兆ドルまで成長すると予測されている。[*1]

私は、子どものことから宇宙が大好きな宇宙少年であり、学生の頃から朝は新聞よりも先に Space.com の記事を読むようになり、理系に進んでいつか宇宙に関わる仕事をして将来は火星に行きたいと思っていた。『猿の惑星』『2001 年宇宙の旅』にはじまり、今に至るまで、宇宙に関わる SF 映画はほぼ見ている。それがなぜ弁護士になったのかについては話が長くなるので経緯を省略するが、宇宙関連の読み物を読むのは趣味として続けていたところ、2010 年頃から徐々に宇宙と法律に関連する仕事が現れてきて、弁護士の仕事として宇宙に絡めるようになってきた。ここ数年は、宇宙ビジネスのブームにより、その傾向は益々顕著となっている。特に宇宙には国境がなく、また、宇宙ビジネスは宇宙技術の進んだ米国を初めとする諸外国とのコラボレーションが多いことから、私の経験が豊富なクロスボーダーの契約交渉案件になりやすい。宇宙ビジネスに関する法務は、特殊な法体系である宇宙法の理解をベースに、伝統的な資金調達に関する実務、国際契約交渉に関する実務、輸出規制等に関する実務、知的財産権に関する実務などの理解が幅広く要求される。宇宙法について学術的な観点から解説を加える良書は既に複数あるが、本書は、実務書として、宇宙ビジネスを行うにあたり、実務的な観点から知っておくべき宇宙法のベースとなる議論と契約実務に焦点を当てている。そこで、本書の構成としても、第 1 章は総論・予備知識としてのすべての宇宙ビジネスに関連する法体系の全体像として、宇宙ビジネスに適用される国際宇宙法、日本の宇宙ビジネス法、米国の宇宙ビジネス法、国際宇宙ステーション（ISS）およびアルテミス計画について概説し、第 2 章で、各宇宙ビジネスの形態（衛星打上げサービス、衛星サービス一般、衛星リモセンビジネス、軌道上サービス、宇宙資源開発、民間有人宇宙飛行、宇宙保険、スペースポートその他）に応じて、実務上問題となりうる法令および契約実務をはじめとする法務問題についての各論を検討する形とした。

＊1　https://www.morganstanley.com/Themes/global-space-economy

本書は、長島・大野・常松法律事務所の宇宙プラクティスグループの同僚（その後、複数名が転職）の間で議論を重ねながら執筆したものである。本書中の意見にわたる部分は各執筆者の現時点における個人的な見解であり、本書記載の内容についてはすべて執筆者らが責任を負うものである。また、宇宙ビジネスを巡る状況はまさに日々進歩しているが、本書記載の内容は、2021 年 10 月現在のものである。

　本書が、日本の宇宙ビジネスの発展、ひいては人類の深宇宙への進出と私が生きている間の multiplanetary species 化に少しでも役立てば幸いである。

　最後に、本書のプロジェクトは 2019 年 6 月に開始したので、完成まで 2 年半の時間を要したことになる。その間、なかなか筆の進まない執筆者らを辛抱強く叱咤激励頂いた弘文堂の中村壮亮氏に対し、心から御礼を申し上げたい。

　2021 年 10 月

編著代表

長島・大野・常松法律事務所ニューヨーク・オフィス

(Nagashima Ohno & Tsunematsu NY LLP)

弁護士・ニューヨーク州弁護士　大久保　涼

目　次

第8節　スペースポート・その他　147

著者紹介

【編著代表】

大久保　涼（全体編集、第2章第6節担当）

弁護士・ニューヨーク州弁護士（長島・大野・常松法律事務所ニューヨーク・オフィス）

1999年東京大学法学部卒業。2000年弁護士登録（第一東京弁護士会所属）。2007年ニューヨーク州弁護士登録。2006年 The University of Chicago Law School 卒業（LL. M.）。2006年〜2008年 Ropes & Gray LLP（Boston および New York）にて勤務。2014年〜2015年東京大学法学部非常勤講師。2017年10月より長島・大野・常松法律事務所ニューヨーク・オフィス（Nagashima Ohno & Tsunematsu NY LLP）共同代表パートナー。クロスボーダーの企業買収（M & A）取引及びファイナンス取引を中心に、企業法務全般に関するアドバイスを提供している。また、宇宙関連に詳しく、特にクロスボーダーの宇宙ビジネス案件についての経験が豊富である。2010年から宇宙航空・研究開発機構（JAXA）契約監視委員会委員。また、2013年に Manfred Lachs Moot Court Competition Asia Pacific Regional Round の Judge、2017年〜2018年商業宇宙資源探査時代の法的課題研究会メンバー。

【共同編著】

大島　日向（全体編集、第2章第2節、第3節及び第8節担当）

弁護士（中村・角田・松本法律事務所）

2015年京都大学法学部卒業。2017年弁護士登録（第一東京弁護士会所属）。司法修習中に JAXA 法務コンプライアンス課での研修及び長島・大野・常松法律事務所での執務を経て、2020年中村・角田・松本法律事務所入所。M & A コーポレート業務を中心とする企業法務を主に取り扱うが、

国内の複数の宇宙関連企業及び宇宙関連企業への投資家に対して、契約交渉、資金調達援助、知財戦略の検討を始めとするリーガルアドバイスを行なっている。一般社団法人日本スペースロー研究会理事、一般財団法人情報法制研究所（JILIS）「衛星データ法制研究タスクフォース」委員、一般社団法人ニュースペース国際戦略研究所（NGSL）「有人宇宙戦略検討ワーキングチーム」専門家委員、内閣府「S-Booster2021」メンター、宇宙ビジネスのオンラインサロン「NEXT SPACE」法律家メンター等を歴任。

【著　者】

宇治野壮歩（第 1 章第 2 節、第 2 章第 7 節担当）

弁護士・ニューヨーク州弁護士（アマゾンジャパン合同会社）

2009 年東京大学法学部卒業。2010 年弁護士登録（第一東京弁護士会所属）。2010 年から長島・大野・常松法律事務所に勤務。2014 年〜2015 年日本銀行金融研究所に出向。2016 年〜2017 年みずほ証券株式会社に出向。2018 年 UCLA School of Law 卒業（LL. M.）。2019 年ニューヨーク州弁護士登録。2020 年新型コロナ対応・民間臨時調査会ワーキンググループメンバー。ファイナンス取引、危機管理及びコンプライアンスを中心に、企業法務全般に関するアドバイスを提供してきた。2021 年 IE Business School 卒業（MBA）。2021 年 8 月よりアマゾンジャパン合同会社にて勤務。

髙橋優（第 1 章第 1 節、第 2 章第 4 節担当）

弁護士（長島・大野・常松法律事務所）

2015 年慶應義塾大学法学部法律学科卒業。2016 年弁護士登録（第一東京弁護士会所属）。2016 年から長島・大野・常松法律事務所に勤務。ファイナンス取引を中心に、企業法務全般に関するアドバイスを提供している。

武原宇宙（第 1 章第 3 節、第 2 章第 1 節担当）

弁護士（長島・大野・常松法律事務所）

2018 年東京大学法学部卒業。2018 年弁護士登録（第一東京弁護士会所属）、長島・大野・常松法律事務所入所。

岡﨑巧（第 1 章第 4 節担当）
弁護士（長島・大野・常松法律事務所）
2014 年専修大学法学部卒業。2017 年上智大学法科大学院修了。2019 年弁護士登録（第一東京弁護士会所属）、長島・大野・常松法律事務所入所。

小原直人（第 2 章第 5 節、第 2 章第 3 節担当）
弁護士（長島・大野・常松法律事務所）
2017 年東京大学法学部卒業。2019 年弁護士登録（第一東京弁護士会所属）、長島・大野・常松法律事務所入所。

川合佑典（第 2 章第 5 節担当）
弁護士（長島・大野・常松法律事務所）
2018 年早稲田大学法学部卒業。2019 年弁護士登録（第一東京弁護士会所属）、長島・大野・常松法律事務所入所。

松本尊義（第 2 章第 5 節担当）
弁護士（長島・大野・常松法律事務所）
2017 年慶應義塾大学法学部法律学科卒業。2019 年弁護士登録（第一東京弁護士会所属）、長島・大野・常松法律事務所入所。

松本晃（第 1 章第 4 節担当）
弁護士（長島・大野・常松法律事務所）
2016 年慶應義塾大学法学部法律学科卒業。2018 年慶應義塾大学法科大学院修了。2019 年弁護士登録（第一東京弁護士会所属）、長島・大野・常松法律事務所入所。

第 1 章
宇宙ビジネスに関連する法体系 （総論）

▌第1節　宇宙ビジネスに適用される国際宇宙法

　国際宇宙法は国際公法に分類され、大きく国連宇宙5条約と呼ばれる条約と国際的組織で作成されソフトローと呼ばれる各種の決議やガイドラインなどから構成される。もっとも、宇宙ビジネスのプレイヤーは国や政府機関ではなく私人であり、本来私人は条約をはじめとする国際公法の直接適用は受けず、当該私人の居住国の私法の下で宇宙ビジネスを実施することになるのが原則である。しかし、国際宇宙法の中核を成す宇宙条約は特殊な条約であり、宇宙条約の加盟国は、政府機関による宇宙活動に限らず自国の宇宙活動について宇宙条約の規定に従って行われることを確保する国際的責任を有することとされている（宇宙条約6条）ため、私人も宇宙条約に基づいて制定される各国の法規制を通じて間接的に宇宙条約をはじめとする各種条約の規制を受ける。そこで、宇宙ビジネスを行うにあたっては、少なくとも国際宇宙法の基本的枠組みを理解しておくことが必要になる。本節では、宇宙ビジネスを行うにあたり最低限知っておくべき国際宇宙法の枠組みについて説明する。

1. 国連宇宙5条約

　宇宙活動に関する条約は、現時点において5つ存在しており、一般に「国連宇宙5条約」と呼ばれている。これらの条約はいずれも、国際連合の常設機関である宇宙空間平和利用委員会（COPUOS: Committee on the Peaceful Uses of Outer Space）[*1]の「法律小委員会」において起草され、国連総会において採択されている。

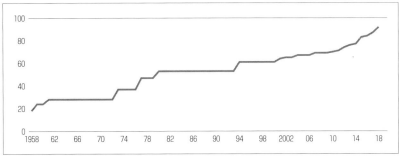

図表 1-1-1　COPUOS 加盟国の推移
(出典) COPUOS (https://www.unoosa.org/oosa/en/ourwork/copuos/members/evolution.html)

条約名	署名年 （発効年）	加盟国数	日本の批准/ 加入年
宇宙条約 (The Outer Space Treaty)	1967 年 (1967 年)	111	1967 年 批准
宇宙救助返還協定 (The Rescue Agreement)	1968 年 (1968 年)	98	1983 年 加入
宇宙損害賠償責任条約 (The Convention on International Liability for Damage Caused by Space Object)	1972 年 (1972 年)	98	1983 年 加入
宇宙物体登録条約 (The Convention on Registration of Objects Launched into Outer Space)	1975 年 (1976 年)	70	1983 年 加入
月協定 (The Agreement Governing the Activities of States on the Moon and other Celestial Bodies)	1979 年 (1984 年)	18	未署名

図表 1-1-2　国連宇宙 5 条約（2021 年 1 月 1 日時点）
(出典) Status of International Agreements relating to Activities in Outer space (A/AC. 105/C. 2/2021/CRP. 10)
(https://www.unoosa.org/oosa/en/ourwork/spacelaw/treaties/status/index.html)

　宇宙活動に関する条約の起草には、COPUOS の全会一致のコンセンサスによる意思決定方法が採用されているところ、COPUOS の加盟国の数は、COPUOS が当初設立された 1958 年には 18 か国であったがその後増加し、5 つ目の宇宙条約である月協定が採択された 1979 年には 47 か国、2019 年には 95 か国となっている。宇宙活動に関する科学技術力や利害関

＊1　宇宙空間平和利用委員会（COPUOS）は、世界初の人工衛星スプートニク 1 号がソビエト連邦により打ち上げられた 1957 年の翌年である 1958 年にアドホック組織として設立され、翌 1959 年に国際連合の常設委員会として設立された。COPUOS には、科学技術小委員会（Scientific and Technical Subcommittee）と法律小委員会（Legal Subcommittee）の 2 つの小委員会が設置されている。

係の異なるこれだけ多くの国が加盟している中で全会一致を取ることは事実上不可能であることから、今後 COPUOS において条約が採択される可能性は極めて低いと考えられている。

◆（1）宇宙条約　　宇宙条約は国際宇宙法における憲法のようなものであるが、その主要な原則は以下のとおりである。

　(i) 宇宙活動自由の原則　　宇宙条約 1 条は、①月その他の天体を含む宇宙空間の探査および利用がすべての国の利益のために行われるものであること、②すべての国が平等に、かつ、国際法に従って、自由に探査・利用することができるものであること、③天体のすべての地域への立入りが自由であること、④月その他の天体を含む宇宙空間における自由な科学的調査と国際協力の奨励を掲げている。すなわち、科学技術の優れた特定の国家が利益を先取りするということは認められず、すべての国に対して自由かつ平等な宇宙空間の探査・利用の機会が開かれていることが掲げられている。今日、日本を含む各国の個人・企業が自由に宇宙活動を推進することが可能となっている背景には、宇宙活動自由の原則が多くの国で承認されていることがあるといえる。

> **宇宙条約 1 条**　月その他の天体を含む宇宙空間の探査及び利用は、すべての国の利益のために、その経済的又は科学的発展の程度にかかわりなく行なわれるものであり、全人類に認められる活動分野である。
>
> 　月その他の天体を含む宇宙空間は、すべての国がいかなる種類の差別もなく、平等の基礎に立ち、かつ、国際法に従って、自由に探査し及び利用することができるものとし、また、天体のすべての地域への立入りは、自由である。
>
> 　月その他の天体を含む宇宙空間における科学的調査は、自由であり、また、諸国は、この調査における国際協力を容易にし、かつ、奨励するものとする。

　(ii) 領有禁止原則　　宇宙条約 2 条は「月その他の天体を含む宇宙空間は、主権の主張、使用若しくは占拠又はその他のいかなる手段によっても国家による取得の対象とはならない」と定めており、国家による月その他の天

体を含む宇宙空間の領有は、同条により明確に否定されている。

　これに対して、私人による月その他の天体を含む宇宙空間の所有について、宇宙条約2条が文理上「国家による取得」のみを禁止しており、私人による取得までは禁止していないとの解釈を採って、月や火星の土地を販売する企業も存在する。たとえば、月や火星等の土地を販売する企業として、Lunar Embassy 社が有名である。

　しかし、以下のとおり、私人が天体の所有権を主張することは違法と考える見解[*2]が一般的と考えられている。実際に、上述の Lunar Embassy 社の日本の販売代理店であるルナ・エンバシー・ジャパンのウェブサイトにも「日本の不動産と同じように考えていただくと無理のある商品」との説明が記載されている[*3]。私人の土地所有権の内容や取得条件等は、当該私人の国籍国が管轄する事項であり、管轄外の土地に対する所有権を成立させるためには、当該私人の国籍国による承認が必要となる。もっとも、上記のとおり、宇宙条約2条は「月その他の天体を含む宇宙空間は……国家による取得の対象とはならない」と定めており、また、同6条は「条約の当事国は、月その他の天体を含む宇宙空間における自国の活動について、それが政府機関によって行なわれるか非政府団体によって行なわれるかを問わず、国際的責任を有し、自国の活動がこの条約の規定に従って行なわれることを確保する国際的責任を有する」と条約当事国に監督責任を定めている。ここにいう「自国の活動」には自国民の活動も含まれ、国家が自国民の月その他の天体を含む宇宙空間に対する所有権を承認することは宇宙条約上認められないため、私人による月その他の天体を含む宇宙空間に対する所有権も認められず、日本をはじめ宇宙条約の当事国に属する私人が所有権を主張することも違法であると考えられるのである。

> **宇宙条約2条**　月その他の天体を含む宇宙空間は、主権の主張、使用若し

---

*2　小塚荘一郎・佐藤雅彦編著『宇宙ビジネスのための宇宙法入門〔第2版〕』（有斐閣、2018年）38頁、中谷和弘・米谷三以・藤井康次郎・水島淳「宇宙資源開発をめぐる動向と法的課題」ジュリスト1506号（2017年）47頁。

*3　https://www.lunarembassy.jp/

くは占拠又はその他のいかなる手段によっても国家による取得の対象とはならない。

> **6条** 条約の当事国は、月その他の天体を含む宇宙空間における自国の活動について、それが政府機関によって行なわれるか非政府団体によって行なわれるかを問わず、国際的責任を有し、自国の活動がこの条約の規定に従って行なわれることを確保する国際的責任を有する。月その他の天体を含む宇宙空間における非政府団体の活動は、条約の関係当事国の許可及び継続的監督を必要とするものとする。国際機関が月その他の天体を含む宇宙空間において活動を行なう場合には、その国際機関及びこれに参加する条約の当事国の双方がこの条約を遵守する責任を有する。

　なお、私人による宇宙空間において採掘した宇宙資源の所有の可否については、**第2章第5節**を参照されたい。

　(iii) 平和利用原則　　宇宙条約4条は、①核兵器等の大量破壊兵器を運ぶ物体を地球の周回軌道に乗せないこと、またこれらの兵器を天体や宇宙空間に設置・配置しないこと、②月その他の天体は平和的目的のために利用されること、などを定めており、いわゆる平和的利用の原則を掲げている。ここにいう「平和的利用」とは広く軍事的利用の禁止を意味するのではなく、国連憲章51条で規定される自衛権の範囲内の活動（すなわち、「非侵略（non-aggressive）」）をいうと解されている[4]。

　なお、宇宙条約において禁止されているのは大量破壊兵器の宇宙空間等への設置であるため、通常兵器（レーザー兵器など）を設置すること自体は宇宙条約に違反しないと考えられる。また、核弾道ミサイルも、弾道軌道を描いて飛翔するものの、地球の周回軌道に乗らない点で、同様に宇宙条約に違反するものではないと考えられている。

> **宇宙条約4条**　条約の当事国は、核兵器及び他の種類の大量破壊兵器を運ぶ物体を地球を回る軌道に乗せないこと、これらの兵器を天体に設置しないこと並びに他のいかなる方法によってもこれらの兵器を宇宙空間に配置しないことを約束する。

---

［4］ 小塚荘一郎・佐藤雅彦編著『宇宙ビジネスのための宇宙法入門〔第2版〕』（有斐閣、2018年）41頁以下。

月その他の天体は、もっぱら平和的目的のために、条約のすべての当
　事国によって利用されるものとする。天体上においては、軍事基地、軍
　事施設及び防備施設の設置、あらゆる型の兵器の実験並びに軍事演習の
　実施は、禁止する。科学的研究その他の平和的目的のために軍の要員を
　使用することは、禁止しない。月その他の天体の平和的探査のために必
　要なすべての装備又は施設を使用することも、また、禁止しない。

◆ **(2) 宇宙損害責任条約**　　近年、民間による打上げサービスが拡大し、
民間企業が自ら人工衛星等を打ち上げるケースが増えている。しかし、打
上げ輸送や宇宙空間での活動には高度な技術が必要であり、予期せぬ事故
のリスクが避けられない。万が一、人工衛星が地表に落下した場合には甚
大な被害が想定されるケースもあり得るだろう。このように、宇宙活動に
関して事故が発生し損害が発生した場合の責任について、条約には以下の
ような規定がある。

　(i) 国家への責任集中の原則　　上記のとおり、宇宙条約は、条約の当事国
は、宇宙空間における自国の活動について、政府機関によって行われるか
非政府団体によって行われるかを問わず、国際的責任を有し、自国の活動
が宇宙条約の規定に従って行われることを確保する国際的責任を有すると
定めている（宇宙条約6条1文）。そして、非政府団体による宇宙空間にお
ける活動は、条約の関係当事国の許可および継続的監督が必要とされてい
る（同条2文）。すなわち、政府は、私人の宇宙活動の結果についても国際
的責任を負わなければならず、私人の宇宙活動について許可や継続的監督
を通じて宇宙条約を含む国際法を遵守させる必要が生じる。

　(ii) 責任の主体　　宇宙損害責任条約によって責任を負担する主体は、
「打上げ国」である。

　この「打上げ国」の範囲については、①宇宙物体の打上げを行う国、②
宇宙物体の打上げを行わせる国、③宇宙物体が自国の領域から打ち上げら
れる国、および④宇宙物体が自国の施設から打ち上げられる国と定められ
ている（宇宙損害責任条約1条(c)）。

　民間企業が人工衛星を打ち上げようとする場合、必ずしも自国の打上げ

施設を使用するとは限らない。たとえば、日本企業 A が米国 SpaceX 社のファルコン 9 ロケットを使って米国の打上げ施設から人工衛星を打ち上げる場合を考える。宇宙物体である当該人工衛星が地上または飛行中の飛行機に損害を与えた場合、打上げ国は賠償責任を負うところ、どの国が「打上げ国」に該当するかが問題となる。

　まず、上記①の「打上げを行う国」について、宇宙物体登録条約 1 条(c)が「『登録国』とは、……宇宙物体が登録されている打上げ国をいう」と定めていることから、当該宇宙物体の登録国であれば打上げ国とみなされると考えられている。したがって、上記事例における日本企業 A の国籍国である日本が当該人工衛星について登録を行えば、日本は上記①の「打上げを行う国」となる。これに対して、日本が当該人工衛星について登録をしない場合には、日本が上記①の「打上げを行う国」であるかは必ずしも明確ではない。[*5]

　次に上記②の「打上げを行わせる国」については、一般に打上げを委託して打上げ費用を支払う国をいうと考えられているが、打上げ主体が民間企業の場合にその民間企業の国籍国が「打上げを行わせる国」に該当しうるかについては、明確ではない。この点、当該民間企業の国籍国を「打上げを行わせる国」とみなすことにより「打上げ国」の数を増やし、損害が生じた場合における被害者保護の可能性を高めようとする学説も有力であるが、国連宇宙諸条約における「打上げ国」の定義を見ても宇宙物体の運用企業の国籍によって「打上げ国」の該当性を判断する根拠となる文言が見当たらないことや、国家の関与が乏しい民間企業の打上げについて国家が広範に損害賠償責任を負うことに反対する見解もある。このように、民間企業が他国の打上げ施設を利用して人工衛星を打ち上げた場合における当該民間企業の国籍国が上記②の「打上げを行わせる国」に該当するかについては見解が分かれており、国際的な合意はいまだになされていない。

　そして、上記③の「宇宙物体が自国の領域から打ち上げられる国」およ

---

*5　過去に日本は民間企業が外国から打ち上げた衛星をすべて登録しているが、米国を含め諸外国ではどこの国にも登録されていない衛星が多数存在する。

び上記④の「宇宙物体が自国の施設から打ち上げられる国」としては、米国が該当する。[*6]

宇宙損害責任条約1条　この条約の適用上、
(a)「損害」とは、人の死亡若しくは身体の傷害その他の健康の障害又は国、自然人、法人若しくは国際的な政府間機関の財産の滅失若しくは損傷をいう。
(b)「打上げ」には、成功しなかつた打上げを含む。
(c)「打上げ国」とは、次の国をいう。
　(i)宇宙物体の打上げを行い、又は行わせる国
　(ii)宇宙物体が、その領域又は施設から打ち上げられる国
(d)「宇宙物体」には、宇宙物体の構成部分並びに宇宙物体の打上げ機及びその部品を含む。

宇宙物体登録条約1条　この条約の適用上、（中略）
(c)「登録国」とは、次条の規定により宇宙物体が登録されている打上げ国をいう。

なお、2004年に採択された国連総会決議「『打上げ国』概念適用」は、①管轄下の非政府団体による宇宙活動に対する許可および継続的監督を行うための国内法の制定と実施について考慮することを求め（「打上げ国」概念適用1項）、また、②共同打上げや協力プログラムに関して、宇宙損害責任条約に従った協定の締結について考慮すること（同2項）などを勧告している。かかる勧告をふまえ、上記の「打上げ国」の概念を用いない形で被害者の救済を図る可能性も模索されている。[*7]「『打上げ国』概念適用」は、後述のとおりソフトローに分類される。

①の勧告に従って、国内法において民間企業が宇宙活動を行うための許

[*6]　なお、上記③には該当しないが上記④に該当する典型例は、カザフスタンにあるもののロシアが所有するバイコヌール宇宙基地から人工衛星が打ち上げられた場合のロシアである。この場合、カザフスタンは逆に上記④には該当しないが、上記③には該当する。

[*7]　小塚荘一郎・佐藤雅彦編著『宇宙ビジネスのための宇宙法入門〔第2版〕』（有斐閣、2018年）80頁以下。

可要件として第三者賠償保険の付保等を義務づける国が増加すれば、「打上げ国」の解釈問題にふれることなく、宇宙損害責任条約の適用がある場合と同じように被害者は民間企業による海外打上げに伴う被害回復を図ることが可能となる。また、②の勧告をふまえて、第三者に対して連帯して賠償責任を負う「協力プログラム」の参加国に、上記の事例の日本など打上げプロジェクトにおいて実質的に打上げに関与する民間企業の国籍国も含めるという仕組みを導入することにより、民間企業の活動から間接的に利益を得るその国籍国も連帯責任の枠組みに取り込むことが可能となる。

> **「打上げ国」概念適用1** 以下について勧告する。
> 宇宙活動を行う国が、宇宙空間にかかる国連条約、特に、月その他の天体を含む宇宙空間の探査及び利用における国家活動を律する原則に関する条約、宇宙物体により引き起こされる損害についての国際責任に関する条約、宇宙空間に打ち上げられた物体の登録に関する条約その他関連する国際約束の下での国際的責務を満たすため、管轄下の非政府団体による宇宙活動に対する許可及び継続的監督を行うための国内法の制定と実施について考慮すること
> 2 また、締約国が、共同打上げや協力プログラムに関して、宇宙損害責任条約に従った協定の締結について考慮すること

　(iii) 賠償の対象　宇宙損害責任条約上賠償の対象となるのは、「宇宙物体」によって生じた損害である。この点、同条約1条(d)は、「宇宙物体」には、宇宙物体の構成部分ならびに宇宙物体の打上げ機およびその部品を含むとしており、人工衛星や打上げロケットが「宇宙物体」に入ることは間違いない。解釈が問題になるものとして、スペース・デブリについては宇宙物体であるというのが通説である。また、月面でレゴリスなどを使って3Dプリンターなどで新たに作成したものなど宇宙で採掘した資源で宇宙で作成されたものについても問題となるが、これも宇宙物体であると解釈するのが妥当であろう。

　(iv) 責任の内容　国家が宇宙損害責任条約に基づき負担する責任は大きく2つの場面に分けられる。

①無過失責任　　1つは、宇宙物体が地表において引き起こした損害（たとえば、人工衛星の故障等により第三国の都市に落下するケースが想定される）であり、この場合には打上げ国は無過失責任を負う（宇宙責任賠償条約2条）。かかる責任が問題になった唯一の例として、1978年に、ソビエト連邦が打ち上げたウラン235を燃料とする原子炉を搭載した人工衛星（コスモス954号）が大気圏に再突入し、衛星の残骸がカナダ領内の無人地帯に落下し、放射線汚染を引き起こした事件がある。この事件において、カナダ政府はソビエト連邦に対して宇宙損害責任条約に基づき約600万カナダドルの損害賠償請求を行ったが、ソビエト連邦は同条約に基づく「損害」の発生を認めず、最終的にはソビエト連邦が見舞金との名目でカナダに300万カナダドルを支払う旨の和解で解決された。[*8] 宇宙損害責任条約に基づく請求が成立する要件についてはまだ解釈の余地が残されているといえる。

②過失責任　　もう1つは、一の打上げ国の宇宙物体またはその宇宙物体内の人もしくは財産に対して他の打上げ国の宇宙物体により地表以外の場所において引き起こされた場合であり、この場合には当該他の打上げ国は、当該損害について自国の過失または自国が責任を負うべき者の過失によるものであるときに限り責任を負うこととされる（宇宙損害責任条約3条）。2条の場合との違いの背景には、3条の場合には双方がリスクの高い宇宙活動を行っている当事者同士であり過失の存する範囲で賠償責任を負わせるべきと考えられる一方で、2条の場合は何ら落ち度のない第三者に対する損害であり、因果関係が認められる限り、過失の有無にかかわらず賠償責任を負わせるのが衡平にかなうとの考え方がある。

このような過失責任が生じる事例としては、A国の人工衛星にB国の人工衛星が衝突した場合が典型例であり、実際に、米国の商用衛星通信システム（イリジウム33号）とロシア連邦の軍事用通信衛星（コスモス2251号）が衝突する事故（2009年）などが発生している。[*9]

＊8　コスモス954号事件外交解決文書（カナダ・ソ連、1981年4月2日公表）（和訳：https://www.jaxa.jp/library/space_law/chapter_3/3-2-2-1_j.html）
＊9　このイリジウム33号について米国は国連登録を行っておらず、米国が「打上げ国」

> **宇宙損害責任条約2条** 打上げ国は、自国の宇宙物体が地表において引き
> 起こした損害、又は飛行中の航空機に与えた損害につき無過失責任を負
> う。
> **3条** 損害が、一の打上げ国の宇宙物体又はその宇宙物体内の人若しくは
> 財産に対して他の打上げ国の宇宙物体により地表以外の場所において引
> き起こされた場合には、当該他の打上げ国は、その損害が自国の過失又
> は自国が責任を負うべき者の過失によるものであるときに限り責任を負
> う。
> **4条1** 損害が一の打上げ国の宇宙物体又はその宇宙物体内の人若しくは財
> 産に対して他の打上げ国の宇宙物体により地表以外の場所において引き
> 起こされ、その結果、損害が第三国又はその自然人若しくは法人に対し
> て引き起こされた場合には、これらの二の打上げ国は、当該第三国に対
> し、次に定めるところにより連帯して責任を負う。
> (a) 損害が当該第三国に対して地表において又は飛行中の航空機につい
> て引き起こされた場合には、当該二の打上げ国は、当該第三国に対し
> 無過失責任を負う。
> (b) 損害が当該第三国の宇宙物体又はその宇宙物体内の人若しくは財産
> に対して地表以外の場所において引き起こされた場合には、当該二の
> 打上げ国は、当該第三国に対し、いずれか一方の打上げ国又はいずれ
> か一方の打上げ国が責任を負うべき者に過失があるときに限り、責任
> を負う。
> **2** 1に定める連帯責任が生ずるすべての場合において、損害の賠償につい
> ての責任は、1に規定する二の打上げ国がそれぞれの過失の程度に応じて
> 分担する。当該二の打上げ国のそれぞれの過失の程度を確定することが
> できない場合には、損害の賠償についての責任は、当該二の打上げ国が
> 均等に分担する。もつとも、責任の分担についてのこの規定は、連帯し
> て責任を負ういずれか一の打上げ国又はすべての打上げ国に対し、第三
> 国がこの条約に基づいて支払われるべき賠償の全額を請求する権利を害
> するものではない。

③国内の損害の場合　　宇宙損害責任条約が想定する場面は第三国に
損害を与えたようなケースであり、たとえばわが国が打ち上げた人工衛星

に該当するかどうかについては明確ではなかった。

が自国内に落下して自国民に損害を与えたような場合には適用されない。

もっとも、わが国における民間の宇宙活動の拡大に伴い、国内法の手当てとして「人工衛星等の打上げ及び人工衛星の管理に関する法律」（宇宙活動法）が制定され、損害賠償責任のあり方に関しては、宇宙損害責任条約における外国・外国人に対する地球上の損害については無過失完全賠償責任を義務づける考え方と同様の考え方が採用されることとなった。すなわち、人工衛星の打上げに伴って当該人工衛星やロケットの落下等により地表、水面または飛行中の航空機等に損害を与えた場合には打上げを行った者が第三者に対する無過失完全賠償責任を負うものとされ（宇宙活動法 35 条）、また、運用される人工衛星の落下等により地表、水面または飛行中の航空機等に損害を与えた場合には当該人工衛星を管理する者が第三者に対する無過失完全賠償責任を負うものとされている（同法 53 条）。

◆**(3) 宇宙救助返還協定**　宇宙条約は宇宙飛行士を「宇宙空間への人類の使節」とみなし、事故、遭難または緊急着陸の場合には、当該宇宙飛行士にすべての可能な援助を与え、宇宙飛行機の登録国に安全かつ迅速に送還することを求めている（宇宙条約 5 条 1 文）。また、宇宙条約の当事国の宇宙飛行士は、宇宙空間や天体上において活動を行うときは、他の当事国の宇宙飛行士に対してすべての可能な援助を与えることを求めている（同条 2 文）。そして、宇宙空間に発射された物体が、当該物体の登録国以外で発見されたときは、当該登録国に返還することも定めている（宇宙条約 8 条 3 文）。

宇宙救助返還協定は、宇宙条約における上記規定を具体化しており、宇宙船の乗員が事故に遭遇、遭難、緊急着陸した場合の締約国の通報義務（宇宙救助返還協定 1 条）、遭難等により着陸した宇宙船の乗員の救助義務（同 2 条）、遭難等により着陸した宇宙船の乗員の打上げ機関の代表者への引渡義務（宇同 4 条）のほか、宇宙物体等が締約国に落下した場合の通報義務や返還手続（同 5 条）を定めている。

民間宇宙旅行のための宇宙機が遭難した場合にも、宇宙救助返還協定が適用されるかが問題となるが、この点については、第 2 章第 6 節を参照さ

れたい。

> **宇宙条約 5 条**　条約の当事国は、宇宙飛行士を宇宙空間への人類の使節と
> みなし、事故、遭難又は他の当事国の領域若しくは公海における緊急着
> 陸の場合には、その宇宙飛行士にすべての可能な援助を与えるものとす
> る。宇宙飛行士は、そのような着陸を行ったときは、その宇宙飛行機の
> 登録国へ安全かつ迅速に送還されるものとする。
>
> 　いずれかの当事国の宇宙飛行士は、宇宙空間及び天体上において活動
> を行うときは、他の当事国の宇宙飛行士にすべての可能な援助を与える
> ものとする。
>
> **8 条**　宇宙空間に発射された物体が登録されている条約の当事国は、その
> 物体及びその乗員に対し、それらが宇宙空間又は天体上にある間、管轄
> 権及び管理の権限を保持する。宇宙空間に発射された物体（天体上に着陸
> させられ又は建造された物体を含む。）及びその構成部分の所有権は、それ
> らが宇宙空間若しくは天体上にあること又は地球に帰還することによっ
> て影響を受けない。これらの物体又は構成部分は、物体が登録されてい
> る条約の当事国の領域外で発見されたときは、その当事国に返還される
> ものとする。その当事国は、要請されたときは、それらの物体又は構成
> 部分の返還に先立ち、識別のための資料を提供するものとする。

> **宇宙救助返還協定 1 条**　締約国は、宇宙船の乗員が、事故に遭遇し若しく
> は遭難した旨の又は自国の管轄の下にある領域、公海若しくはいずれの
> 国の管轄の下にもないその他の地域において緊急の若しくは意図しない
> 着陸をした旨の情報を入手した場合又はこれらの事実を知った場合には、
> 直ちに、
>
> 　（a）打上げ機関に通報するものとし、又は打上げ機関が不明である場合
> 及び打上げ機関に直ちに連絡をとることができない場合には、利用する
> ことができるすべての適当な通信手段により、これらの情報を公表する。
>
> 　（b）国際連合事務総長に通報するものとし、また、同事務総長は、利用
> することができるすべての適当な通信手段により、遅滞なくこれらの情
> 報を公表するものとする。
>
> 　**2 条**　事故、遭難、又は緊急の若しくは意図しない着陸により宇宙船の乗
> 員がいずれかの締約国の管轄の下にある領域に着陸した場合には、当該
> 締約国は、直ちに、乗員の救助のためにすべての可能な措置をとるもの

とし、すべての必要な援助を与える。当該締約国は、打上げ機関及び国際連合事務総長に対し、そのとっている措置及びその実施状況を通報する。打上げ機関による援助が迅速な救助を実施する上で役立つ場合又は当該援助が捜索救助活動の効果的な実施に実質的に寄与する場合には、打上げ機関は、捜索救助活動の効果的な実施のため、当該締約国に協力する。当該捜索救助活動は、当該締約国の指揮及び監督の下に実施されるものとし、当該締約国は、打上げ機関との密接かつ継続的な協議の下に行動する。

4条　宇宙船の乗員は、事故、遭難又は緊急の若しくは意図しない着陸によりいずれかの締約国の管轄の下にある領域、公海又はいずれの国の管轄の下にもないその他の地域に着陸した場合には、安全かつ迅速に打上げ機関の代表者に引き渡される。

5条1　締約国は、宇宙物体又はその構成部分が自国の管轄の下にある領域、公海又はいずれの国の管轄の下にもないその他の地域に降下した旨の情報を入手した場合又はその事実を知った場合には、打上げ機関及び国際連合事務総長に対し、その旨を通報する。

2　宇宙物体又はその構成部分が発見された領域について管轄権を有する締約国は、打上げ機関の要請に応じ、また、必要な場合には打上げ機関の援助を受けて、当該宇宙物体又はその構成部分を回収するため、実行可能と認める措置をとる。

3　宇宙空間に打ち上げられた物体又はその構成部分であって打上げ機関の領域外で発見されたものは、打上げ機関の要請に応じ、打上げ機関の代表者に引き渡されるか又はその処理に委ねられる。打上げ機関は、当該物体又はその構成部分の返還に先立ち、要請に応じ、当該物体又はその構成部分の識別のための資料を提供する。

4　2及び3の規定にかかわらず、締約国は、自国の管轄の下にある領域において発見し又はその他の場所において回収した宇宙物体又はその構成部分が、危険又は害をもたらすものであると信ずるに足りる理由がある場合には、打上げ機関にその旨を通知することができる。この場合において、打上げ機関は、発生するおそれのある危害を除去するため、当該締約国の指揮及び監督の下に、直ちに、効果的な措置をとる。

5　2及び3の規定により宇宙物体又はその構成部分を回収し及び返還する義務を履行するために要した費用は、打上げ機関が負担する。

◆**(4) 宇宙物体登録条約**　宇宙物体の登録は、宇宙条約8条により登録をした国が管轄権・管理の権限を保持することになる登録簿への登録（国内登録）と、宇宙物体登録条約2条・4条に基づく国連事務総長への通報（国連登録）により完了する。

　宇宙物体を登録できる国は、打上げ国に限られ（宇宙物体登録条約2条1項）、打上げ国が複数ある場合は、協議によりそのうちの1の国のみが登録できる（同2項）。

　なお、日本は登録を必ず行っているが、諸外国ではそうではなく、どこの国にも登録されていない衛星は非常に多い。

宇宙条約8条　宇宙空間に発射された物体が登録されている条約の当事国は、その物体及びその乗員に対し、それらが宇宙空間又は天体上にある間、管轄権及び管理権を保持する。宇宙空間に発射された物体（天体上に着陸させられ又は建造された物体を含む。）及びその構成部分の所有権は、それらが宇宙空間若しくは天体上にあること又は地球に帰還することによって影響を受けない。これらの物体又は構成部分は、物体が登録されている条約の当事国の領域外で発見されたときは、その当事国に、返還されるものとする。その当事国は、要請されたときは、それらの物体又は構成部分の返還に先立ち、識別のための資料を提供するものとする。

宇宙物体登録条約2条1　宇宙物体が地球を回る軌道に又は地球を回る軌道の外に打ち上げられたときは、打上げ国は、その保管する適当な登録簿に記入することにより当該宇宙物体を登録する。打上げ国は、国際連合事務総長に登録簿の設置を通報する。
2　地球を回る軌道又は地球を回る軌道の外に打ち上げられた宇宙物体について打上げ国が2以上ある場合には、これらの打上げ国は、月その他の天体を含む宇宙空間の探査及び利用における国家活動を律する原則に関する条約第8条の規定に留意し、宇宙物体及びその乗員に対する管轄権及び管理の権限に関して当該打上げ国の間で既に締結された又は将来締結される適当な取極を妨げることなく、1の規定により、当該宇宙物体を登録するいずれか1の国を共同して決定する。
3　登録簿の内容及び保管の条件は、登録国が決定する。
第4条1　登録国は、登録したそれぞれの宇宙物体に関し、できる限り速

やかに国際連合事務総長に次の情報を提供する。

　(a)打上げ国の国名

　(b)宇宙物体の適当な標識又は登録番号

　(c)打上げが行われた日及び領域又は場所

　(d)次の事項を含む基本的な軌道要素

　　(i)周期

　　(ii)傾斜角

　　(iii)遠地点

　　(iv)近地点

　(e)宇宙物体の一般的機能

2　登録国は、登録した宇宙物体に関する追加の情報を随時国際連合事務総長に提供することができる。

3　登録国は、従前に情報を提供した宇宙物体であって地球を回る軌道に存在しなくなったものについて、実行可能な最大限度においてかつできる限り速やかに、国際連合事務総長に通報する。

◆(5) 月協定　　国連宇宙5条約の1つとされる月協定（月その他の天体における国家活動を律する協定）は、月その他の天体の経済的利用について規律している。月協定は、月およびその天然資源は人類の共同財産（CHM: Common Heritage of Mankind）と定め（月協定11条1項）、月の表面または地下もしくはこれらの一部または本来の場所にある天然資源は、いかなる国家、政府間国際機関、非政府間国際機関、国家機関または非政府団体もしくは自然人の所有にも帰属しないと明確に定めている（同条3項1文）。また、同協定は、締約国に対して、月の天然資源の開発が実行可能となったときには適当な手続を含め、月の天然資源の開発を律する国際レジームを設立することとしている（同条5項）。

　このように月協定は、締約国内の私人による自由な天然資源の開発やその所有権を明確に否定し、宇宙開発技術に優れた先進国にとっては受入困難な内容となっていることもあり、加盟国数は少数にとどまっており、日本、米国を含めて宇宙活動に積極的に取り組む主要な先進国は月協定を批准していない。

なお、米国は、2020 年 4 月 6 日付大統領令において、宇宙資源の国およびび民間による回収と利用の国際的支援の促進を進める政策を公表したが、その大統領令の中で、米国は月協定の締約国ではないし、月協定は長期探査への商業的参加、科学的発見および、月、火星その他の天体の利用の促進に関して国家に指針を示すための有効かつ必要な手段であると米国は考えていないこと、また月協定を国際慣習法を反映したものとして取り扱う他国・国際機関のいかなる試みにも反対するとの見解を表明している。

2. ソフトロー

　上記の通り、COPUOS の参加国の増加に伴って、現在では宇宙活動に関する条約の策定が事実上不可能になっているが、民間宇宙活動を含め、宇宙活動に関するルールを国家間で定める必要はむしろ高まっている。そこで、近年宇宙法の分野においては、ソフトローすなわち法的拘束力はないものの遵守すべきものとして尊重される規範による国際ルールの策定が試みられている。

◆(1) 国連総会決議　　第 1 に、これまで国連総会において、次ページの図表 1-1-3 のような COPUOS において策定された原則や宣言が決議されているが、これらは事実上ソフトローとして機能しているといえる。

◆(2) COPUOS 作成の技術ガイドライン　　国連総会において決議はされていないものの、COPUOS において技術的ガイドラインの策定が進められており、ソフトローとして機能している。

　(i) スペース・デブリ低減ガイドライン（2007 年）　　スペース・デブリ低減ガイドラインは、デブリ発生低減対策として、短期的観点から潜在的に危険なスペース・デブリを削減するもの（ミッション関連のスペース・デブリの削減や破砕の回避）と、長期にわたってデブリの発生を制限するもの（運用終了した宇宙機やロケット軌道投入段を除去するための運用終了手順に関するもの）の

＊10　Executive Order on Encouraging International Support for the Recovery and Use of Space Resources（2020 年 4 月 6 日）（https://www.whitehouse.gov/presidential-actions/executive-order-encouraging-international-support-recovery-use-space-resources/）

名称	決議年	内容
宇宙法原則宣言 (Declaration of Legal Principles)	1963 年	宇宙探査・利用の原則、宇宙空間・天体の占有禁止、国際法の適用等の基本原則を規定している。かかる原則は 1967 年制定の宇宙条約に反映された。
直接放送衛星原則 (Broadcasting Principles)	1982 年	国際的な直接テレビ放送衛星業務を行う場合には受信国との間で協議の上、協定・取極に基づいて確立される旨等を定めている。
リモートセンシング原則 (Remote Sensing Principles)	1986 年	①リモートセンシング活動は全ての国の利益のために行われるものであること、②国際法に従って、他国およびその管轄下の団体の権利・利益を正当に考慮しながら、自己の富および天然資源に対するすべての国家および国民の完全かつ永久的な主権の原則の尊重に基づいて行われること、③被探査国の権利・利益を損なう方法で行われてはいけないこと（もっとも、被探査国の事前の同意・通報を受ける権利は認められなかった。）、④被探査国は自国の管轄下にある領域に関する一次データ等への合理的価格によるアクセス権を有することなど、15 の原則を定めている。
原子力電源利用原則 (Nuclear Power Sources Principles)	1992 年	宇宙空間において原子力電源を使用するに当たっての、安全使用のための指針・基準、安全性評価、賠償責任等に関する原則を定めている。
スペース・ベネフィット宣言 (Benefits Declaration)	1996 年	宇宙空間の探査・利用における国際協力が全ての国の利益のために行われるものであり、また開発途上国の必要に特別な考慮が払われるべき旨を定めている。
「打上げ国」概念適用 (Application of the concept of the "launching State")	2004 年	①国が管轄下の非政府団体による宇宙活動に対する許可および継続的監督を行うための国内法の制定と実施について考慮すること、②国が、共同打上げや共同プログラムに関して、宇宙損害責任条約に従った協定の締結について考慮することなどを勧告している。
国及び政府間国際組織の宇宙物体登録条約における実行向上に関する勧告 (Recommendations on enhancing the practice of States and international intergovernmental organizations in registering space object)	2007 年	宇宙物体の登録の徹底等を企図して、①領域・施設から宇宙物体が打ち上げられた締約国が他の「打上げ国」としての条件を満たしていると思われる締約国等と連絡を取ること、②打上事業者が宇宙物体の所有者・運用者に関係国に対して宇宙物体の登録を対応させるよう助言するよう当該打上事業者に奨励することなどが勧告事項として含まれている。
宇宙活動に関する国内法制への推奨事項 (Recommendations on national legislation relevant to the peaceful exploration and use of outer space)	2013 年	国内宇宙活動のための規制の枠組みを規定する際に考慮すべき要素を勧告している。考慮要素として、①宇宙活動の範囲、②国家管轄権の範囲、③許可制度の創設、④許可条件（国連宇宙諸条約における国家の国際的義務との整合性等）、⑤継続的監督・監視、⑥宇宙物体登録制度、⑦損害賠償制度、⑧宇宙物体の移転時における継続的監督が含まれている。

図表 1-1-3 COPUOS 策定の国連総会決議の例
（出典）国立国会図書館調査及び立法考査局「科学技術に関する調査プロジェクト 2016 報告書　宇宙政策の動向」（2017 年 3 月）145〜156 頁、United Nations Office for Outer Space Affairs (https://www.unoosa.org/oosa/en/ourwork/spacelaw/resolutions.html)、JAXA (http://stage.tksc.jaxa.jp/spacelaw/world/w_index.html)

カテゴリに分類し、以下の 7 つのガイドラインを定めている。同ガイドラインには具体的な数値などの技術指標は示されておらず、同ガイドラインの末尾において、詳細な記述・勧告については国際機関間スペース・デブリ調整委員会（IADC: The Inter-agency Space Debris Coordination Committee）のIADC スペース・デブリ低減ガイドラインを参照すべき旨が記載されてい

る。

ガイドライン1	正常な運用中に放出されるデブリの制限
ガイドライン2	運用フェーズでの破砕の可能性の最小化
ガイドライン3	偶発的軌道上衝突確率の制限
ガイドライン4	意図的破壊活動とその他の危険な活動の回避
ガイドライン5	残留エネルギーによるミッション終了後の破砕の可能性を最小にすること
ガイドライン6	宇宙機やロケット軌道投入段がミッション終了後に低軌道（LEO）域に長期的に留まることの制限
ガイドライン7	宇宙機やロケット軌道投入段がミッション終了後に地球同期軌道（GEO）に長期的に留まることの制限

(ⅱ) 宇宙活動の長期的持続可能性ガイドライン（2019年） 2019年に策定された宇宙活動の長期的持続可能性ガイドラインには、21のガイドラインが定められている。このガイドラインについては、COPUOSが2010年から「宇宙活動の長期持続可能性」(LTS: long-term sustainability of outer space activities) という議題のもとで、宇宙活動を長期的に持続可能な利用のために自主的に遵守すべきガイドラインの制定を目指し、ワーキンググループによって2018年まで議論が進められた。その後、わが国主導による働きかけもあり、2019年にCOPUOS本委員会において当該ガイドラインが正式に採択された。また、同委員会においては、科学技術小委員会の下にこれらガイドラインの実施および新たなガイドラインの可能性等を議論するワーキンググループが設置されることも決定されており[11]、今後宇宙活動の長期持続可能性に関連して新たなガイドラインの策定も期待される。

21の宇宙活動の長期持続可能性（LTS）ガイドライン
A．宇宙活動に関する方針および規制体系
A.1　宇宙活動に関する国内規制体系の必要に応じた採択、改正および修

---

*11　外務省「国連宇宙空間平和利用委員会（COPUOS）本委員会 宇宙活動の長期持続可能性ガイドラインの採択（2019年6月22日）」(https://www.mofa.go.jp/mofaj/press/release/press6_000600.html)

正

A.2 宇宙活動に関する国内規制体系に関し、必要に応じた策定、改正または修正を行う際の複数要素の考慮

A.3 国内宇宙活動の監督

A.4 無線周波数スペクトルの衡平、合理的かつ効率的な使用および衛星によって利用される様々な軌道領域の確保

A.5 宇宙物体登録の実行強化

B. 宇宙運用の安全性

B.1 更新された連絡先の提供および宇宙物体と軌道上事象に関する情報の共有

B.2 宇宙物体の軌道データの精度向上並びに軌道情報の共有の実行および実用性の強化

B.3 スペース・デブリ監視情報の収集、共有および普及の促進

B.4 制御飛行中の全軌道フェーズにおける接近解析の実行

B.5 打ち上げ前接近解析に向けた実用的な取組みの確立

B.6 有効な宇宙天気に関するデータおよび予報の共有

B.7 宇宙天気モデルおよびツールの開発並びに宇宙天気による影響の低減のための確立した実行の収集

B.8 物理的および運用面の特徴に関わらない宇宙物体の設計および運用

B.9 宇宙物体の非制御再突入に伴うリスクを取り扱う対策

B.10 宇宙空間を通過するレーザービーム源を使用する際の予防策の遵守

C. 国際協力、能力構築および認知

C.1 宇宙活動の長期持続可能性を支える国際協力の促進

C.2 宇宙活動の長期持続可能性に関する経験の共有および情報交換のための適切な新たな手続きの作成

C.3 能力構築の促進および支援

C.4 宇宙活動の認知向上

D. 科学的・技術的な研究開発

D.1 宇宙空間の持続可能な探査および利用を支える方法の研究および開発の促進および支援

D.2 長期的なスペース・デブリの数を管理するための新たな手法の探査および検討

◆（3）SDGsへの取り組み　　現在、宇宙業界においても、2015年9月に開かれた国連総会の持続可能な開発のためのサミットで採択された「持続可能な開発のための2030アジェンダ」の中で示された17の目標と169のターゲットから成る行動指針である、いわゆるSDGs（持続可能な開発目標）の達成への取り組みが注目されており、たとえばJAXAも様々な取り組みを実行している。[12]

＊12　https://www.jaxa.jp/about/iso/sdgs/index_j.html

第2節　日本の宇宙ビジネス法

1. 日本の宇宙ビジネス法成立に至る経緯

　かつては国主導で行われてきた宇宙の開発利用のあり方が、現在は、政府による宇宙開発と民間主導の宇宙利用にシフトしている。各国では、米国の商業打上げ法（第1章第3節参照）に代表されるように、民間企業が宇宙産業に参加することを促進し自国の宇宙関連産業の国際競争力を強化するための法制度の整備を進めている。この点、わが国では、宇宙開発事業団法（1969年制定）およびその後の宇宙航空研究開発機構法（2002年制定）の下で第三者損害賠償条項を定めていたものの、宇宙産業を振興する観点からの国内法の整備は遅れていた。そこで、宇宙基本法（2008年制定）は、16条において、「国は、宇宙開発利用において民間が果たす役割の重要性にかんがみ、民間における宇宙開発利用に関する事業活動（研究開発を含む。）を促進し、我が国の宇宙産業その他の産業の技術力及び国際競争力の強化を図るため、自ら宇宙開発利用に係る事業を行うに際しては、民間事業者の能力を活用し、物品及び役務の調達を計画的に行うよう配慮するとともに、打上げ射場（ロケットの打上げを行う施設をいう。）、試験研究設備その他の設備及び施設等の整備、宇宙開発利用に関する研究開発の成果の民間事業者への移転の促進、民間における宇宙開発利用に関する研究開発の成果の企業化の促進、宇宙開発利用に関する事業への民間事業者による投資を容易にするための税制上及び金融上の措置その他の必要な施策を講ずるものとする」と定め、宇宙産業を振興する観点からの国内法の整備の必要性を明記した。

　また、宇宙条約6条は、「条約の当事国は、月その他の天体を含む宇宙空間における自国の活動について、それが政府機関によって行なわれるか非政府団体によって行なわれるかを問わず、国際的責任を有し、自国の活動がこの条約の規定に従って行なわれることを確保する国際的責任を有する。月その他の天体を含む宇宙空間における非政府団体の活動は、条約の

関係当事国の許可及び継続的監督を必要とするものとする。〔以下省略〕」と定めており、わが国は、宇宙条約の加盟国として、政府機関による宇宙活動に限らず、自国の宇宙活動について宇宙条約の規定に従って行われることを確保する国際的責任を有している。そこで、宇宙基本法は、35条1項において、「政府は、宇宙活動に係る規制その他の宇宙開発利用に関する条約その他の国際約束を実施するために必要な事項等に関する法制の整備を総合的、計画的かつ速やかに実施しなければならない。」と定め、宇宙の開発および利用に関する諸条約を的確かつ円滑に実施するための法制の整備が進められることとなった。

これらを受けて、2016年に、「人工衛星等の打上げ及び人工衛星の管理に関する法律」（平成28年法律76号。通称「宇宙活動法」。以下、本章においては単に「法」ともいう）が制定され、合わせて「衛星リモートセンシング記録の適正な取扱いの確保に関する法律」（平成28年法律77号。通称「衛星リモセン法」）が制定された。

また、2021年には、宇宙資源の探査および開発に向けた国内外の動向を受けて、「宇宙資源の探査及び開発に関する事業活動の促進に関する法律」（令和3年法律83号、通称「宇宙資源法」）が制定された。

本節では、日本の宇宙ビジネス法の基本となる宇宙活動法について述べ、衛星リモートセンシングビジネスに関する衛星リモセン法については、第2章第3節で、宇宙資源開発に関わる宇宙資源法については第2章第5節でそれぞれ述べることとする。

2. 宇宙活動法の目的と概要

宇宙活動法は、宇宙の開発および利用に関する諸条約を的確かつ円滑に実施することに加えて、公共の安全の確保および被害者の保護を図ることを目的としている（法1条）。これは、わが国における公共の安全の確保および自国民である被害者の保護は、宇宙の開発および利用に関する諸条約では担保されておらず、別途国内法により確保される必要があるからである。

宇宙活動法は、大きく分類して、以下のような内容を定めている。

①人工衛星等の打上げに係る許可等に関する制度（法2章）

②人工衛星の管理に係る許可等に関する制度（法3章）

③ロケット落下等損害の賠償に関する制度（法5章）

④人工衛星落下等損害の賠償に関する制度（法6章）

　宇宙活動法の人工衛星の管理に係る許可の制度は、打上げ以外の宇宙活動を包括的にカバーしており、その許可の審査の中で多種多様なミッションに対応できるように柔軟な規制枠組みとして定められていることが特徴である。

3.　人工衛星等の打上げに係る許可等

◆(1) 定義　　宇宙活動法の建付けを理解するにあたっては、まず「人工衛星」の定義を理解する必要がある（法2条2号）。人工衛星は、「地球を回る軌道若しくはその外に投入し、又は地球以外の天体上に配置して使用する人工の物体」と定義されている。

　したがって、地球周回軌道に投入された物体は、宇宙活動法の対象となる。[*1] 国際宇宙ステーションに輸送される物資も、ステーション到着後は地球周回軌道上にある人工物であるため、「人工衛星」に該当すると考えられる。さらに、地球周回軌道上のみならず、軌道外への投入も対象であるので、月面、小惑星、火星などの天体上で使用されるローバー（探査車）等も「人工衛星」に該当することに注意が必要である。他方、科学研究のための観測や有人観光飛行等を目的として、弾道軌道（いわゆるサブオービタル軌道）を描く飛翔体は、「地球を回る軌道若しくはその外に投入」するものでも「地球以外の天体上に配置」するものでもないため、有人か否かを問わず、宇宙活動法の対象外となる。

◆(2) 許可等　　(i) 許可が必要となる者　　国内に所在する打上げ施設または日本国籍を有する船舶もしくは航空機に搭載された打上げ施設から人工

＊1　定義上は有人か無人かを問わないが、現時点では同法の下で有人の人工衛星の打上げが許可されることは想定されていない。

衛星およびその打上げ用ロケットの打上げを行おうとする者は、その都度、内閣総理大臣の許可を得なければならない（法4条1項）[*2]。ポイントは、「国内に所在する打上げ施設」または「日本国籍を有する船舶若しくは航空機に搭載された打上げ施設」を用いた場合に限定されている点、「人工衛星等の打上げを行おうとする者」が許可を得る必要がある点、許可は打上げの「都度」得る必要があるという点である。

まず、国外にのみ所在する打上げ施設を使用する場合には、法は域外適用されず、許可制の対象とはならない。日本国籍を有する者や日本法人等が打上げを行う場合であっても、国外に所在する打上げ施設または日本国籍を有しない船舶もしくは航空機に搭載された打上げ施設から打上げを行う場合、執行管轄権の観点から宇宙活動法の対象外とされており、宇宙活動法上の許可を得る必要はない。他方、日本国籍を有しない者や海外法人等が打上げを行う場合であっても、国内に所在する打上げ施設または日本国籍を有する船舶もしくは航空機に搭載された打上げ施設から打上げを行う場合、許可を得なければならない。

次に、「人工衛星等の打上げを行おうとする者」は、自己の所有する人工衛星の打上げを行おうとする者のみならず、他者から委託を受けて他者の所有する人工衛星の打上げを行おうとする者を含む。また、打上げ施設の管理運営を自ら行うことは必要ではなく、自らロケットの製造を行うことも必要ではない。

また、打上げの「都度」許可を得なければならないのは、人工衛星が、人工衛星の打上げ用のロケットの型式および打上げ施設が同じであったとしても、搭載する人工衛星の種類や投入する軌道に応じて充塡する燃料の量等が異なり、打上げごとにその安全性を審査する必要があるからである。後述するロケットの型式認定および打上げ施設の適合認定を得ていても、打上げに係る許可が不要になるわけではない。ただし、複数の人工衛星を

[*2] 本条の違反は3年以下の懲役もしくは300万円以下の罰金に処され、またはこれを併科される（法60条1号）。なお、ロケットの打上げについては、別途、航空法134条の3に基づく国土交通大臣の許可も必要となる。

同時に打ち上げる場合には、許可は1つで足りる。

(ii) 許可の申請手続　　許可の申請は、法4条2項各号に定める事項を記載した申請書に[*3]、内閣府令で定める書類（宇宙活動法施行規則5条2項）を添付して内閣総理大臣（具体的には内閣府宇宙開発戦略推進事務局）に対して行うことになる。添付書類は、大別して、①人工衛星の打上げ用ロケットの安全性に係る事項を記載した書類、②打上げ施設の安全性に係る事項を記載した書類、および③その他内閣総理大臣が必要と認める書類から成る。英語その他の外国語で提出する書類には日本語の翻訳文を提出する必要がある。

打上げ許可付与までに要する標準期間は、あらかじめロケットの型式認定および打上げ施設の適合認定を受けている場合には1か月から3か月、それ以外の場合には4か月から6か月とされている。宇宙活動法に規定はないものの、内閣府が定めたガイドラインは、申請者が、申請後の手戻り等を避け、効果的に申請書類を準備するため、申請の検討段階から内閣府宇宙開発戦略推進事務局と事前調整することを推奨している。

(iii) 許可の基準　　許可の基準は法6条に定められており、①人工衛星の打上げ用ロケットの設計がその飛行経路および打上げ施設の周辺の安全を確保するための安全に関する基準に適合していること、②打上げ施設が人工衛星の打上げ用ロケットの飛行経路および打上げ施設の周辺の安全を確保するための基準（人工衛星の打上げ用ロケットの型式に応じて定められる）に適合していること、③ロケット打上げ計画の安全性およびその実行能力ならびに④人工衛星の利用の目的および方法が宇宙の開発および利用に関する諸条約および宇宙基本法の基本理念に合致していることを満たす必要がある。

ロケットは、その開発が完了してからある程度の期間は同一の型式を用いるのが一般的である。そのため、既存のロケットを使用する場合、人工衛星の打上げ用ロケットの設計について型式認定（法13条1項）を受けて

＊3　申請書のサンプルにつき巻末資料1参照。

いれば、同一の型式のロケットについては、上記①の審査を省略できる。また、打上げ施設は、人工衛星の打上げ用ロケットの型式との組合せにより安全基準に適合していることが審査されるため、打上げ施設を管理する者が同一の組合せについてすでに適合認定（法16条1項）を受けていれば、上記②の審査を省略できる。

　また、内閣府宇宙開発戦略推進事務局は、行政手続法（平成5年法律88号）5条1項の規定による審査基準および同法6条の規定による標準処理期間を定めるものとして「人工衛星等の打上げ及び人工衛星の管理に関する法律に基づく審査基準・標準処理期間」を公表しており[*4]、さらに、人工衛星等の打上げに係る許可に関する審査基準について適合するための考え方や具体的手段の一例を示すものとして「人工衛星等の打上げに係る許可に関するガイドライン」を公表している[*5]。

　(iv) 許可の承継　　法10条は、人工衛星等の打上げに係る事業の譲渡がなされた場合の打上げ実施者の地位の承継について規定する。ここでいう「事業の譲渡」は、会社法上の「事業の譲渡」と同じ意味であると解されており、そうであるとすれば、「一定の営業の目的のため組織化され、有機的一体として機能する財産の全部又は重要なる一部を譲渡し、これによって、譲渡会社がその財産によって営んでいた営業的活動の全部又は重要な一部を譲受人に受け継がせ、譲渡会社がその譲渡の限度に応じ法律上当然に競業避止業務を負う結果を伴う」ものを意味することになる[*6]。そして、かかる事業の譲渡を行う譲渡人およびその譲受人が、当該譲渡および譲受けについて、あらかじめ内閣総理大臣の認可を受けた場合には、譲受人は宇宙活動法に基づく打上げ実施者の地位を承継する（法10条1項）。また、同条は合併の場合（同条2項）、会社分割の場合（同条3項）においても、同様に、事前に内閣総理大臣の認可を受けることによって、法に基づく地位を承継することができるとしている。

---

*4　https://www8.cao.go.jp/space/application/space_activity/documents/review_standards.pdf

*5　https://www8.cao.go.jp/space/application/space_activity/documents/guideline1.pdf

*6　最大判昭和40・9・22民集19巻6号1600頁。

◆（3）宇宙物体登録　　宇宙活動法上の許可申請とは別に、打上げ実施者は、人工衛星の打上げ用ロケットの一部（主として、人工衛星の打上げ用ロケットの上段部および人工衛星を分離するために用いる部品を含む）が軌道に投入される場合、宇宙物体登録条約および国及び政府間国際組織の宇宙物体登録条約における実行向上に関する国連総会勧告に基づき、内閣府に対して宇宙物体登録に係る届出を実施しなければならない。かかる届出に関しては、内閣府宇宙開発戦略推進事務局が、「宇宙物体登録に係る届出マニュアル」を公表している。[*7]

4. 人工衛星の管理に係る許可等

◆（1）許可等　　(i) 許可が必要となる者　　国内に所在する人工衛星管理設備を用いて人工衛星の管理を行おうとする者は、人工衛星ごとに、内閣総理大臣の許可を受けなければならない（法 20 条 1 項）[*8]。ポイントは、「国内に所在する人工衛星管理設備」を用いた場合に限定されている点、「人工衛星の管理を行おうとする者」が許可を受ける必要がある点、許可は「人工衛星ごとに」受ける必要があるという点である。

　まず、許可を得る必要があるのは、「国内に所在する人工衛星管理設備」を用いる場合に限定されている。そのため、日本国籍を有しない者や海外法人等が衛星管理を行う場合であっても、国内に所在する人工衛星管理設備から衛星管理を行うときは（人工衛星の位置を把握したり制御したりする信号の一部または全部を国内の運用場所で生成し、当該信号をネットワーク等を経由して国内の地上局は用いずに国外の地上局のみから送信し、人工衛星を管理する場合を含む）、許可を受けなければならない。また、海外委託打上げにより人工衛星等の打上げに係る許可等が必要でない人工衛星であっても、日本領域内に所在する人工衛星管理設備を用いて衛星管理を行う限り、許可を受けなければならない。宇宙ステーション補給機の貨物として宇宙ステーションに輸送

＊7　https://www8.cao.go.jp/space/application/space_activity/documents/manual-space
　　objt.pdf
＊8　本条の違反は 3 年以下の懲役もしくは 300 万円以下の罰金に処され、またはこれを
　　併科される（法 60 条 4 号）。

された後、当該宇宙ステーションからの放出により人工衛星の管理を開始する場合であっても、日本領域内に所在する人工衛星管理設備を用いて衛星管理を行う限り、許可を受けなければならない。さらに、定常運用に用いる人工衛星管理設備が海外に所在する場合でも、初期運用等、一部の期間であっても国内に所在する人工衛星管理設備を用いて人工衛星の管理を行うときは、許可を受けなければならない。

　他方、国外にのみ所在する人工衛星管理設備を用いて衛星管理を行う場合（人工衛星の位置を把握したり制御したりする信号を国外の運用場所で生成し、当該信号をネットワーク等を経由して国内の地上局から送信し、国外の人工衛星を管理する場合を含む）には、日本国籍を有する者や日本法人等が衛星管理を行うときであっても、また、国内から打ち上げられた人工衛星であっても、執行管轄権の観点から宇宙活動法の対象外とされており、宇宙活動法上の許可を得る必要はない。また、宇宙ステーション補給機の貨物として宇宙ステーションに輸送された後、当該宇宙ステーションの内部または外部に配置され一体運用される場合や人工衛星からの分離物について分離後にその管理を行わない場合は、許可を得る必要はない。

　また、「人工衛星管理設備」とは、電磁波により人工衛星との間で人工衛星の位置、姿勢および状態を制御するための信号を送受信できる設備とされている（法2条6号参照）ので、人工衛星の側に信号の受信設備がない場合には、そもそも「人工衛星管理設備」がないことになり、許可は不要となる。

　次に、「人工衛星の管理を行おうとする者」が許可を得る必要があるが、「人工衛星の管理」とは、「人工衛星管理設備を用いて、人工衛星の位置、姿勢及び状態を把握し、これらを制御することをいう。」と定義されている（法2条7号）。したがって、人工衛星の側にそもそもスラスタその他の姿勢制御装置がない場合は「人工衛星の管理」に該当せず、また、衛星バスの運用者とミッション機器の運用者とが異なる場合、人工衛星管理設備

＊9　人工衛星としての基本機能に必要な機器（電力供給・熱制御・姿勢制御・軌道制御・通信など）と衛星の主構造の総称。これに対してその衛星がミッションを遂行するに

を用いて、人工衛星の位置等の把握および制御する行為を行っている者は、通常、衛星バスの運用者であるため、衛星バスの運用者が「人工衛星の管理を行おうとする者」として許可を得ることになる。また、自己の所有する人工衛星の管理を行おうとする者のみならず、他者から委託を受けて他者の所有する人工衛星の管理を行おうとする者も許可を得なければならない。

（ii）**許可の申請手続**　許可の申請は、法20条2項各号の定める事項を記載した申請書に[*10]、内閣府令で定める書類（宇宙活動法施行規則20条2項）として、人工衛星の構造が許可の基準に適合していることを証する書類などを添付して内閣府宇宙開発戦略推進事務局に対して行うことになる。

（iii）**許可の基準**　許可の基準は法22条に定められており、①人工衛星の利用の目的および方法が宇宙の開発及び利用に関する諸条約および宇宙基本法の基本理念に合致していること、②人工衛星の構造が宇宙空間の有害な汚染等の防止および公共の安全確保に支障を及ぼすおそれがないこと、③管理計画において宇宙空間の有害な汚染等を防止する措置等を講ずることとされていることおよび当該管理計画を実行する十分な能力を有すること、④終了措置の内容が飛行経路の周辺の安全や宇宙空間の有害な汚染等の防止などが確保されたものであることを満たす必要がある。

また、内閣府宇宙開発戦略推進事務局は、行政手続法（平成5年法律88号）5条1項の規定による審査基準および同法6条の規定による標準処理期間を定めるものとして「人工衛星等の打上げ及び人工衛星の管理に関する法律に基づく審査基準・標準処理期間」を公表しており[*11]、さらに内閣府宇宙開発戦略推進事務局が人工衛星の管理に係る許可に関する審査基準について適合するための考え方や具体的手段の一例を示すものとして「人工衛星の管理に係る許可に関するガイドライン」を公表している[*12]。

あたって必要な機器（観測機器等）のことをミッション機器という。
*10　申請書のサンプルにつき**巻末資料2**参照。
*11　https://www8.cao.go.jp/space/application/space_activity/documents/review_standards.pdf
*12　https://www8.cao.go.jp/space/application/space_activity/documents/guideline4.pdf

（iv）**許可の承継**　　法 26 条は、人工衛星の管理に係る事業の譲渡がなされた場合の人工衛星管理者の地位の承継について規定する。「事業の譲渡」の意義については、上記 3（2）（iv）の人工衛星等の打上げに係る許可等の場合と同様である。かかる事業の譲渡を行う譲渡人およびその譲受人が、当該譲渡および譲受けについて、あらかじめ内閣総理大臣の認可を得た場合には、譲受人は宇宙活動法に基づく人工衛星管理者の地位を承継する（法 26 条 1 項）。また、同条は合併の場合（同条 3 項）、会社分割の場合（同条 4 項）においても、同様に、事前に内閣総理大臣の認可を得ることによって、法に基づく地位を承継することができるとしている。

◆**（3）宇宙物体登録**　　宇宙活動法上の許可申請とは別に、人工衛星管理者は、人工衛星が地球を回る軌道または地球を回る軌道の外に投入された場合、宇宙物体登録条約および国及び政府間国際組織の宇宙物体登録条約における実行向上に関する国連総会勧告に基づき、内閣府に対して宇宙物体登録に係る届出を実施しなければならない。かかる届出に関しては、内閣府宇宙開発戦略推進事務局が、「宇宙物体登録に係る届出マニュアル」を公表している。[14]

5．ロケット落下等損害の賠償

◆**（1）責任集中の制度と求償権**　　日本国内に所在する打上げ施設または日本国籍を有する船舶もしくは航空機に搭載された打上げ施設から人工衛星等の打上げを行う者は、ロケット落下等損害につき、第三者に対する損害賠償責任（無過失責任）を負う（法 35 条）。この「ロケット落下等損害」とは、人工衛星分離前の人工衛星およびその打上げ用ロケットならびに人工衛星分離後の当該人工衛星の打上げ用ロケットの落下、衝突または爆発により、地表もしくは水面または飛行中の航空機その他の飛しょう体において人の生命、身体または財産に生じた損害（人工衛星等の打上げを行う者の

＊13　なお、これは譲受人の人工衛星管理設備が国内にある場合であり、譲受人の人工衛星管理設備が国外にある場合は届出で足りる（法 26 条 2 項）。

＊14　https://www8.cao.go.jp/space/application/space_activity/documents/manual-space objt.pdf

従業者ならびに人工衛星等の打上げの用に供された資材その他の物品または役務の提供をした者およびその従業者が受けた損害は除く）[*15]をいう（法2条8号）。これは宇宙損害責任条約2条と同じ建て付けである[*16]。ただし、ロケット落下等損害の発生に関して不可抗力が競合したときは、裁判所は、損害賠償の責任および額を定めるについて、これを斟酌することができる（法37条）。これらの規定は、無許可で打ち上げられたロケットや国によって打ち上げられたロケットによって損害が生じた場合にも適用される。

　ロケット落下等損害に関しては、被害者を迅速に救済するために、いわゆる責任集中の制度が採用されており、人工衛星等の打上げを行う者以外の者（打上げ施設の管理・運営者、ロケットの製造業者、打上げサービスの購入者、人工衛星の製造業者など）は、第三者に対して直接賠償責任を負わない（法36条）。もっとも、責任集中の制度は、あくまで被害者救済を目的とする制度であるから、打上げを行う者が事故原因を究明して、真の責任者に求償することは妨げられない（法38条1項本文）[*17]。ただし、人工衛星等の打上げを行う者の部品メーカー等に対する求償は、産業政策の観点から、当該部品メーカー等が故意の場合に限定されている（同項但書）。また、法38条2項は、求償権に関し書面による特約をすることを妨げないとしているので、当事者間の合意により、たとえば、完全に求償権を放棄したり、サプライヤーに故意がない場合にも求償権の行使を認めることが可能である。したがって、打上げ事業者が、サプライヤー等と契約を締結する際には、このような求償権の行使に関する合意の内容が重要となる。

◆(2) 損害賠償担保措置　　人工衛星等の打上げの許可を得た者は、打上げごとに、ロケット落下等損害の被害者の賠償措置額（H-IIAロケット、H-IIBロケットおよびイプシロンロケットのいずれについても200億円とされている）に

---

*15　法施規2条。これらの損害は、民法を初めとする一般法によって処理される。

*16　他方、地上等ではなく宇宙空間で第三者に損害を与えた場合については、宇宙損害責任条約の定めと異なり、宇宙活動法には規定がなく、民法その他の一般法により処理されることになる。

*17　なお、責任集中や求償権に関する規定は、無許可で打ち上げられたロケットには適用されない。

相当する賠償資力を確保するための損害賠償担保措置を講じていなければ、当該許可に基づく人工衛星等の打上げを行ってはならない（法9条1項）。かかる損害賠償担保措置とは、具体的には、①ロケット落下等損害賠償責任保険契約（法2条9号）および②特定ロケット落下損害等に係るロケット落下等損害賠償補償契約（法2条10号）の締結を意味する（法9条2項）。[18]

①はいわゆる宇宙保険（第2章第7節参照）であるところ、宇宙保険においては一般にテロ等による損害については免責対象とされているため、このような民間の保険契約ではカバーされない損害[19]を対象として、政府が損害を補填するのが②のロケット落下等損害賠償補償契約である（法40条1項）。なお、政府は、人工衛星等の打上げの許可を得た者に対する産業支援の一貫として、ロケット落下等損害を打上げ実施者が賠償することにより生ずる損失のうち、上記の損害賠償担保措置によっては埋めることができない部分（上記のとおり、H-IIAロケット、H-IIBロケットおよびイプシロンロケットの賠償措置額は、いずれも200億円とされている）につき、3500億円を超えない範囲において、さらに補償することを約することができる（法40条2項、宇宙活動法施行規則32条の2）。法40条2項に基づく補償契約は、同条1項に基づくロケット落下等損害賠償補償契約とは別の契約であり、打上げ実施者は政府と2本の補償契約を締結することになる。なお、上記2つの補償契約によって補償される損害は現状3700億円ということになるが、仮に3700億円以上の損害が生じた場合には、超過部分は打上げ実施者の自己負担となる。

6. 人工衛星落下等損害の賠償

人工衛星落下等損害とは、人工衛星が正常に分離された後に落下または爆発により、地表もしくは水面または飛行中の航空機その他の飛しょう体において人の生命、身体または財産に生じた損害（人工衛星の管理を行う者の

---

*18　なお、法9条2項は、損害賠償担保措置として、上記の保険契約および補償契約の締結に代えて、供託も可能としているが、供託が現実に利用される可能性は低いと思われる。

*19　このような損害を「特定ロケット落下等損害」（法2条9号）という。

従業者が受けた損害は除く）であり（法2条11号）、人工衛星が正常に分離される前に生じた損害である上記の「ロケット落下等損害」とは区別される。

　日本国内に所在する人工衛星管理設備を用いて人工衛星の管理を行う者は、人工衛星等の打上げを行う者のロケット落下等損害の賠償の場合と同様、人工衛星落下等損害に係る無過失責任（法53条）を負い、また不可抗力の斟酌（法54条）を受ける。本規定は、無許可で管理されていた人工衛星や、国が管理している人工衛星によって損害が生じた場合にも適用される。もっとも、人工衛星落下等損害については、被害者が損害賠償を請求する相手が明確であるため、ロケット落下等損害と異なり責任集中の制度（法36条1項参照）や求償権の制度（法38条参照）が採用されておらず、人工衛星の製造業者は、製造物責任法や民法によって第三者に対して直接賠償責任を負う。また、人工衛星落下等損害については、かかる損害が生じる可能性がロケット落下の場合と比べて大幅に低いことに鑑み、人工衛星の管理を行う者に損害賠償担保措置が義務付けられておらず、政府補償の制度も存在しない点においても、ロケット落下等損害の賠償の場合と異なる。

7. 人工衛星の衝突等による損害

　人工衛星が宇宙空間（月面等の天体上を含む）で他の宇宙物体に衝突した場合やデブリ化して他の宇宙物体を破壊した場合は、人工衛星の落下または爆発により地表もしくは水面または飛行中の航空機その他の飛しょう体において人の生命、身体または財産に生じた損害ではないため、上記「人工衛星落下等損害」には該当しない。このような宇宙空間における人工衛星の衝突等による損害についても、ロケットの打上げにより宇宙空間で第三者に損害を与えた場合と同様、宇宙活動法上特段の定めはなく、したがって、かかる損害に関する第三者賠償責任保険の義務づけも政府補償の制度も存在しない。この場合の損害に関する責任は、準拠法選択の問題はあ

---

*20　法施規4条。これらの損害は、民法を初めとする一般法によって処理される。

るものの、民法を初めとする一般法により処理されることになる。

　宇宙活動における人工衛星の衝突は、これまでのところ、**第 1 節**でもふれた米国の商用通信衛星（イリジウム 33 号）とロシア連邦の軍事用通信衛星（コスモス 2251 号）が衝突した事故（2009 年）のみしか認識されていないものの、SpaceX 社のスターリンク衛星などのコンステレーション衛星群や月面での活動の本格化など、人工衛星の数が劇的に増加していることを考えると、今後の宇宙ビジネスの発展の過程においてかかるリスクが増大することが想定される。そこで、近い将来損害賠償担保措置の義務付けや政府補償等の立法措置が必要ではないかが議論されている。

第3節　米国の宇宙ビジネス法

1. 米国の宇宙ビジネス法の体系と歴史

◆(1) 米国の宇宙ビジネス法の体系　　世界一の宇宙大国である米国は、国際的に、商業的な宇宙活動に関するルールメイキングを先導する立場であり続けている。米国の法制度は、連邦制の下、連邦法と州法から成り、連邦法と州法では規律対象が異なる。宇宙ビジネスに関連するところでいえば、宇宙ビジネス関連の許認可等の規制は主に連邦法によって規律され、宇宙ビジネス関連契約の有効性や宇宙ビジネスから生じる不法行為責任に関しては主に州法によって規律される。後者については一般法についての議論が基本的に当てはまることから、本節では、前者の宇宙ビジネスに関連する連邦法について概観する。

　米国における商業的な宇宙活動に関する許認可制度は、現時点で、商業打上げ、商用衛星通信[*1]、商用リモートセンシングの3類型について存在しているが、たとえば、宇宙資源探査や軌道上活動等は、これらの許認可の対象に含まれていない。これは、米国においては、宇宙ビジネスの類型ごとに、どの当局が所轄するかを決める必要があることによる。したがって、宇宙資源探査や軌道上活動等を含め、今後新しい宇宙ビジネスが実務レベルまで成長する過程で、その類型の宇宙ビジネスの所管当局が定められ、その許認可制度などの体系が整備されることになる。

◆(2) 米国の宇宙ビジネス法の歴史　　米国では、1984年商業宇宙打上げ法（CSLA: Commercial Space Launch Act of 1984）によって、商業打上げについて運輸省（DOT: Department of Transportation）を窓口とするワンストップの手続が創設された。商用リモートセンシングについても、1992年陸域リモートセンシング政策法（Land Remote Sensing Policy Act of 1992）によっ

---

*1　商用衛星通信については、連邦通信法や、連邦規則集（CFR: the Code of Federal Regulations）で一定の規律が定められているものの、十分な法制化は達成されていない。

て規制が導入された。その後、1998 年商業宇宙法（Commercial Space Act of 1998）を経て、2010 年に、宇宙ビジネスに関する規定が合衆国法典（USC: United States Code）の 51 編に法典化された。加えて、2015 年には、商用宇宙資源開発を認めることなどを内容とする米国商業宇宙打上げ競争力法（US Commercial Space Launch Competitiveness Act of 2015）も成立し、アメリカの商業宇宙法制はさらに整備された。

　なお、オバマ政権下の 2016 年に連邦航空局（FAA: Federal Aviation Administration）を商業宇宙利用の管轄当局にすることを志向する米国宇宙ルネサンス法案（American Space Renaissance Bill）が議会に提出されたが、不成立に終わっている。また、トランプ政権下でも、民間の宇宙活動の所轄当局を商務省に一元化し、宇宙物体の運用は商務省長官の認可によって行うことなどを内容とする宇宙商業自由企業法案（American Space Commerce Free Enterprise Act Bill）が提出されたが、不成立に終わっている。

2. 商業打上げ

◆（1）**概要**　米国における商業目的のロケット（打上げ機）の打上げについては、運輸省が所轄当局とされているが、FAA にその権限が委任されており、実際には、FAA の内部部局である商業宇宙輸送室（AST: the Office of Commercial Space Transportation）において商業打上げの許可に係る審査実務が行われている。なお、FAA では、打上げ許可申請に先立って、民間企業から申請内容について事前相談を受け、フィードバックを行う（これは pre-application consultation と呼ばれている）など、民間企業による商業打上げを支援する機能・仕組みを有している。

＊2　USC 51 編のうち、宇宙ビジネスに関する規定は、Subtitle V（Programs Targeting Commercial Opportunities）に集約されている。

＊3　https://www.congress.gov/bill/114th-congress/house-bill/4945

＊4　2018 年の 115 回議会に提出されたものについては https://congress.gov/bill/115th-congress/house-bill/2809 を、2019 年の 116 回議会に提出されたものについては、https://www.govtrack.us/congress/bills/116/hr3610/text を参照されたい。

＊5　pre-application consultation のほか、商業宇宙輸送アドバイザリー委員会（COMSTAC）の設置運営や、安全な打上げ等に関する教育プログラムの提供も行っている。

◆**(2) 許可対象の行為類型**　商業打上げのうち、運輸長官の許可の対象となる者は以下のとおりである。

- ・米国内において、打上げ機の打上げ、打上げ場もしくは再突入地点の運営、または再突入機を再突入させる者（51 U.S.C. § 50904 (a)(1)）。[*6]

- ・米国外で、打上げ機の打上げ、打上げ場もしくは再突入地点の運営、または再突入機を再突入させる米国民（米国市民である個人または米国法により設立されまたは存続する法人に限る）（51 U.S.C. § 50904 (a)(2)）。

- ・米国政府と外国政府との間で当該外国政府が打上げまたは運営に対して管轄権を有する旨を定める協定がある場合を除き、米国外および当該外国の領域外で打上げ機の打上げ、打上げ場もしくは再突入地点の運営、または再突入機を再突入させる米国民（外国法により設立されまたは存続する法人で米国市民である個人または米国法により設立されまたは存続する法人に支配持分を保有されている者に限る）（51 U.S.C. § 50904 (a)(3)）。

- ・米国政府と外国政府との間に米国政府が打上げ、運営または再突入に際して管轄権を有する旨を定める協定がある場合に、当該外国の領域おいて打上げ機を打上げ、打上げ場もしくは再突入地点を運営し、または再突入機を再突入させる米国民（外国法により設立されまたは存続する法人で米国市民である個人または米国法により設立されまたは存続する法人に支配持分を保有されている者に限る）（51 U.S.C. § 50904 (a)(4)）。

　なお、「打上げ」とは、打上げ機または再突入機およびペイロードまたは人員を地球から(A)弾道軌道、(B)宇宙空間における地球軌道、または(C)宇宙空間に配置することまたは配置しようとすることをいい、米国内の打上げ場で行われる場合は、打上げ機または打上げのペイロードの準備に関連する活動も含まれる（51 U.S.C. § 50902 (7)）。上記定義によると、米国連邦法上は、サブオービタル機打上げ機の発射であっても「打上げ」に含まれることに留意が必要である。

◆**(3) 審査基準の概要**　商業打上げの許可に係る運輸長官の権限は、51

＊6　再突入地点とは、（長官が交付または委譲する免許に定義された）再突入機が再突入を試みる地球上の場所をいう（51 U.S.C. § 50902 (18)）。

U.S.C. § 50905 に定めがあるが、具体的な審査基準は、連邦規則である Code of Federal Regulations（CFR）に詳細に規定されている。打上げ機に関しては、政策審査、安全審査、環境審査、財政能力の確認の4つの観点から審査が行われる。

政策審査（14 C.F.R. § 431.23）は、安全審査以外の、国家政策・外交政策上の利益や条約上の義務についての審査であり、打上げ機の型式や構造、外国資本の有無、飛行計画等を元に判断される。

安全審査は、安全性を確認する審査である。具体的な審査方法は、打上げが、公共の健康および安全ならびに財産の安全を害することなくできるかどうかに関する審査（14 C.F.R. § 431.31）、打上げに係る組織についての審査（14 C.F.R. § 431.33）、ミッションリスクに関する審査（14 C.F.R. § 431.35）、人身損害の発生確率が全体として 10^{-4}、個人に対して 10^{-6} をそれぞれ超えないことを確認する審査（14 C.F.R. § 431.35 (b)(1)(ii)(iii)）である。

環境審査は、国家環境政策法（NEPA: National Enviromental Policy Act）に基づく審査であり、FAA が、重大な影響がないかの所見または環境影響に関する報告書を発行する（14 C.F.R. § 431.91）。

財政能力の確認は、万が一事故が発生したときに、その損害を賠償することができるのかという観点から審査される。具体的には、関係事業者間にクロスウェーバー（相互免責）が付されていること（51 U.S.C. § 50914 (b), 14 C.F.R. § 440.17 等）や法定の保険が付保されていることが求められている。かかる保険の内容は対第三者と対連邦とで異なる。対第三者については、最大蓋然損害（MPL: Maximum Probable Loss）として定める金額（ただし、MPL が5億ドルを超えるときは、5億ドル。また、保険市場で合理的に付保可能な保険金額が5億ドルを下回るときは、入手可能な最大の金額）を付保する必要がある。実務上は、MPL として定められる金額は2億ドル台とされている。他方、対連邦については、連邦政府に生じる MPL として指定される金額（ただし、MPL が1億ドルを超えるときは、1億ドル。また、保険市場で合理的に付保可能な保険金額が1億ドルを下回るときは、入手可能な最大の金額）を付保する必要がある。連邦政府と打上げを行う者との間で、上記保険金額を超える損害

については、あらかじめ相互免責の合意がなされる。

上記の打上げ機に関する審査とは異なるものの、ペイロードに関する審査基準も存在し、打上げのための許可を取得するためには、この審査もクリアする必要がある。ペイロードについては、必要な許認可を取得しているか、公共の健康および安全ならびに財産の安全、国家安全保障や外交政策上の利益に影響を与えないか、などが審査される（14 C.F.R. § 431.7, § 415.51 以下）。

◆**（4）打上げの審査に関する特例**　　上記（3）の審査基準を満たさない場合であっても、例外的に打上げが実施できる場合がある。

その1つがウェイバーの制度（51 U. S. C. § 50905 (b)(3)）であり、これは、個別案件の事情に照らして、上記審査基準を満たしていない場合であっても、例外的に打上げを許容する制度である。この制度が利用された実例として、2010 年に Space X 社が Dragon 宇宙船の打上げを企図した際、合算した打上げに係るリスクが安全基準を超えるにもかかわらず、打上げが許可されたことが挙げられる。

また、再利用型の打上げ機およびサブオービタル飛行を行う打上げ機に係る実験的許可の制度も存在する（51 U.S.C. § 50906）。これは、研究開発、免許の要件の適合証明、または訓練のための打上げの許可を認める制度であり、宇宙旅行の現実的な手段として計画が進んでいる有人のサブオービタル飛行に係るテスト飛行や SpaceX 社が進める Super Heavy/Starship のテスト飛行等のために活用されている。実験的許可は譲渡ができず（同 (f)）、有償での物資または人員の輸送もできない（同(h)）が、正式許可を取得していても、実験的許可の申請・発行は妨げられず（同(g)）、正式許可の申請と併せて申請することができる[7]。

◆**（5）損害賠償に関する規定**　　CSLA は、打上げに関連して生じる損害賠償に関する規定を定めている。まず、打上げの関係当事者に生じる損害[8]

＊7　万一事故が発生して正式許可が取り消された（撤回された）場合に備えて、あらかじめ実験的許可を取得しておくことにより、正式許可の再取得に向けた機体の改良等のための実験飛行を迅速に行えるようにする趣旨であると考えられる。

＊8　関係当事者とは、免許人または譲受人の下請業者、再下請業者および顧客（51 U.S.

については、上記（3）のとおり、CSLA に基づく許可の審査（財政能力の確認）に際して、関係当事者間にクロスウェーバー（相互免責）が行われていることが求められる（51 U.S.C. § 50914(b)）ため、関係当事者間に生じた損害は基本的に賠償の対象にならない。

　次に、第三者および国（米国）に生じた損害については、基本的には、上記（3）のとおり打上げ事業者が付保することを要求される保険によってカバーされることが想定されている（51 U.S.C. § 50914(a)(1)）。もっとも、第三者に生じた損害について、打上げ事業者により付保された保険金額を超える損害が生じた場合は、15 億ドルに 1989 年 1 月 1 日以降のインフレを考慮して加算した額まで政府が負担する（51 U.S.C. § 50915）。また、政府が負担する上限額を超えた損害が発生した場合には、打上げ事業者が当該超過分を負担する[*10]。

　なお、CSLA には、NASA や空軍以外の民間事業者が打上げ機の射場運営者となることを想定した規定も存在する。民間事業者が射場運営者となるためには FAA の許可が必要とされているが、第三者に損害が生じた場合において、民間事業者である射場運営者が、当該第三者との関係で負う責任については特段 CSLA に規定されていない。民間事業者である射場運営者が当該第三者との関係で責任を負わない趣旨と解釈すべきかどうかは明らかではないが、通常は打上げ事業者が付保する保険でカバーされると思われる。

◆(6) 空軍の打上施設を利用する場合の特例　　ケープカナベラル空軍基地など、空軍の施設を利用してロケット（打上げ機）の打上げを行う場合は、独自の契約書（CSOSA: Commercial Space Operations Support Agreement）の書式が利用される。CSOSA の書式では、空軍に発生した損害等については、原則として打上げ実施者が賠償する責任を負うこととされているが[*11]、当該

C. § 50914(b)(1)(B)(i)）、顧客の下請業者および再下請業者（同(ii)）、ならびに宇宙飛行参加者（同(iii)）をいう。ただし、宇宙飛行参加者が含まれるのは、2025 年 9 月 30 日までであるとされている（同(C)）。
＊9　現在は約 30 億ドル程度とされている。
＊10　日本の宇宙活動法とは異なり、裁判所の斟酌の規定は特段設けられていない。

打上げがCSLAに基づくものである場合は、CSLAの規定が優先される。もっとも、CSLAに定義される「打上げ」ないし「打上げ業務」の開始以前の行為によって生じた損害は、CSLAに定義される「打上げ」ないし「打上げ業務」ではない以上、CSOSAの規定によって処理されるものと考えられる。[*12]

3. 商用衛星通信

◆(1) 総論　商用通信衛星を運用するためには、連邦通信委員会（FCC: Federal Communication Commission）[*13]から、周波数の割当てを受けなければならない。周波数免許の付与に際して人工衛星によるスペースデブリの防止についても併せて審査されるなど、事実上、衛星管理も兼ねた運用が行われている。

◆(2) 割当ての方法　CFRでは、静止衛星と非静止衛星で異なった周波数の割当ての方法が定められている。[*14][*15]

　静止衛星に関する周波数の割当てには先願主義が採用されている。すなわち、基準を満たす申請が行われれば、すでに付与されている免許と矛盾しない範囲で免許が付与されることになる（47 C.F.R. § 25. 158(b)）。なお、当該免許は譲渡することができない（同(c)）。

　非静止衛星[*16]に関する周波数の割当ては、一定期間を定めて競合する申請

*11　ただし、損害が空軍等によって生じた場合は、打上実施者が付保を求められた保険金額の140%まで負担し、それを超える部分は連邦負担となるとされる。

*12　ただし、CSLAにおける「打上げ」ないし「打上げ業務」は、打上げの準備に関する活動も含むと規定されている（51 U.S.C. § 50902(7)(9)）。

*13　政府機関が使用する電波については、商務省電気通信情報局（NTIA: National Tele-communications and Information Administration）が所轄している。

*14　CFR上は、GSO（Geosynchronous orbit, 対地同期軌道)-like satellite operationと、NGSO（Non-geosynchronous orbit)-like satellite operationという区分が採用されている。厳密には、対地同期軌道のうち、赤道上空のものを静止軌道（GEO: geostationary orbit）というが、CFR title 47（Telecommunication）part 25（Satellite Communications）では、静止軌道（GEO）という用語は使用されていない。

*15　放送衛星（Broadcasting-Satellite）に関する周波数の国内分配については、別途47 C.F.R. § 2. 106（Table of Frequency Allocations）において規定されている。

*16　非静止衛星は、さらに中軌道衛星と低軌道衛星に分類されることもあるが、CFR上は区別されていない。

を募り、均等に周波数を割り当てる（47 C.F.R. § 25.157）。均等に割り当てるとすると、当然、申請者が必要とする周波数を確保できない可能性が懸念されるが、静止衛星とは異なり、非静止衛星については、割り当てられた周波数は譲渡可能と解されているので、非静止衛星に関して割当て以上の周波数の帯域が必要な事業者は、他の事業者から買い集めればよいと整理されている。

　CFR の規定は上記の通りであるが、実際には、分化されたライセンスごとにオークション方式で周波数が割り当てられている。免許の有効期間中の周波数は、基本的にオークションの対象にはならないものとされていたが、2014 年から、有効期間中の周波数を、放送事業者か FCC を介して通信事業者に譲渡することを企図して、インセンティブオークション[18]の試行が開始された。2017 年には、実際に 600 MHz 帯のインセンティブオークションが行われ、大きな注目を集めた。[19]

4. 商用リモートセンシング

◆(1) 規制当局　　法律上、商用リモートセンシングについては、商務省が管轄当局とされている（51 U.S.C. § 60121 (a)）が、その権限は、海洋大気庁（NOAA: National Oceanic and Atmospheric Administration）に委任されており、実際には同庁の商業リモートセンシング規制室（CRSRAO: Commercial Remote Sensing Regulatory Affairs Office）が、実務運営にあたっている。

◆(2) 必要な許可　　リモートセンシングを行おうとする者は、周波数免許に加えて、リモートセンシングシステムの運用についても、許可を得る

---

*17　オークションが実施されるのは、基本的に、初回免許の付与時に限られ、免許更新時にはオークションを実施しないこととされている（47 U.S.C. § 309 (j)(1)）。免許期間は、オークションごとに定められている。

*18　小川敦「米国インセンティブオークションを巡る攻防」https://www.icr.co.jp/newsletter/report_tands/2014/s2014TS308_3.html 参照。

*19　このインセンティブオークションによって、T-Mobile 社は 80 億ドル、Dish Network 社は 62 億ドル、Comcast 社は 17 億ドルを投じて、ライセンスを取得したとのことである。CNET Japan「米 FCC の 600 MHz 帯オークション、勝者は T-Mobile」（2017 年 4 月 14 日）https://japan.cnet.com/article/35099783/ 参照。

必要がある（51 U.S.C. § 60122）。衛星通信よりも規制が加重されているのは、高分解能のリモートセンシング衛星を念頭に、安全保障上または外交上の問題が発生することを防ぐことにある。この規制は、米国法の適用を受けるすべての者に及び、日本の衛星リモセン法の場合とは異なり特に分解能の閾値が定められているわけではない[20]。

　なお、従前は、許可を受けた運用者は、データ保護プランを策定する義務（旧 15 C.F.R. § 960.11 (b)(13)）や、重要な海外契約について事前に当局の審査を受ける義務（旧 15 C.F.R. § 960.8、旧 15 C.F.R. § 960.11 (b)(5)）などが課されていたが、2020 年にリモートセンシングビジネスの状況や関係者からの要望を受けて規制緩和が行われ[21]、これらの義務は廃止された[22]（改正後の15 C.F.R. § 960.11）。

＊20　https://www.nesdis.noaa.gov/CRSRA/licenseHome.html

＊21　商用リモートセンシングに関する CFR 改正の趣旨については、https://www.federalregister.gov/documents/2020/05/20/2020-10703/licensing-of-private-remote-sensing-space-systems を参照されたい。

＊22　たとえば、2020 年の CFR の改正により、重大事実に追加・変更があるもの（したがって、許可の変更が必要になるもの）のみが、「重要な海外契約」を構成する旨が明確化された。

第4節 国際宇宙ステーション（ISS）およびアルテミス計画

1. 国際宇宙ステーション（ISS）の概要

◆(1) 国際宇宙ステーション（ISS）とは　　国際宇宙ステーション（ISS: International Space Station）は、米国、ロシア、欧州宇宙機関（ESA: European Space Agency）、日本およびカナダ等世界15か国が参加する国際協力プロジェクトにより、地球から約400km上空の周回軌道上に建設された巨大な有人宇宙ステーションである。1周約90分というスピードで地球の周りを回りながら、科学的な実験・研究、地球や天体の観測等を行っている。

　ISSは、1982年からNASAにおいてその計画・概念設計が開始され、1984年に各国への参加が呼びかけられた。その後、1998年に最初のモジュールが打ち上げられ、2011年に完成した。現時点においては、少なくとも2024年まで運用を継続することがISS参加国間で合意されている。

　日本は、その一部となる実験棟「きぼう」を開発・提供し、現在は各種利用実験を実施している。また、物資の補給には宇宙ステーション補給機「こうのとり」（HTV）を提供していたが、2020年8月をもって運用を終了している。現在は、JAXAにおいてHTVの後継機である新型宇宙ステーション補給機「HTV-X」の開発が進められている。

◆(2) ISSの活用　　ISSの活用方法として、第1に、ISSでは、現在までに様々な実験・研究が行われてきた。これらに基づく成果としては、アルファ磁気分光器（AMS-02）を使用した宇宙線に関する研究、骨量減少が発生しやすい骨格部位に関する研究、微生物やワクチンに関する研究および全天X線監視装置（MAXI）を使用したX線による観測などが知られている。日本の実験棟「きぼう」では、特にナノやバイオ・医療分野での研究開発が推進されている。[*1]

---

*1　ISSの研究・開発成果については、約3年ごとに「International Space Station Benefits for Humanity」としてとりまとめられ、公開されている。また、日本語ダイジェ

第2に、ISS には、様々なセンサーシステムが設置されており、これらのセンサーシステムから集められたデータは、「自然または人為的災害時における宇宙設備の調和された利用を達成するための協力に関する憲章」（国際災害チャータ）[*2] 等の国際協力の枠組みを通して、地球観測や災害から生じる危機の軽減等に貢献している。JAXA により ISS 船内に設置された超高感度ハイビジョンカメラシステム（SS-HDTV）は、地球の夜間の現象を捉えるために開発されたものである。SS-HDTV により撮影された画像は、自然災害後の電力回復、都市の再生および被災住民の日常生活への復帰等の状況を確認するために活用されている。このように、ISS は、地球観測と気象診断の拠点としても役立てられている。

　第3に、ISS は、新しいビジネスやビジネスモデルのテストベッドとして産業を支援する役割も担っている。最近では、リモート接続サービス世界大手であるドイツのチームビューワー社が、フランス国立宇宙研究センター（CNES: Centre national d'études spatiales）や ESA と連携し、ISS の宇宙飛行士の身体や運動に関するデータを同社製品である「TeamViewer」で地球にいる医師に送り、取得した医療情報を本人に送るという取り組みを始めており、医師と患者、医療機器をそれぞれつないだ遠隔診断の技術が新型コロナウイルス対策にも役立つことを期待されている。

　第4に、ISS の商業的利用も拡大している。NASA は、2019 年 6 月に商業利用に係る方針（NASA Plan for Commercial LEO Development）を策定し、ISS の商業利用を解禁した。これにより、企業の広告活動やマーケティングに ISS を利用することが可能となり、これまでも TV コマーシャルの撮影や民間宇宙飛行士の訪問などが行われたが、今後も、映画の撮影やより多くの民間宇宙飛行士の訪問が予定されている。

　第5に、NASA のアルテミス計画との関係においても、ISS のさらなる

　　スト版として、JAXA が進めている研究を中心に日本語で約 55 ページに要約した「国際宇宙ステーション　人類への恩恵〔第 3 版〕」が公開されている。
　＊2　国際災害チャータは、大規模な災害発生時において、参加機関が、最善の努力に基づき地球観測衛星データ等の無償提供を行うことにより、災害から生じる危機の軽減等に貢献することを目的として 2000 年に成立した国際憲章である。

活用が見込まれている（後記4（1）（iii）参照）。

◆(3) ISS の日本による活用　　日本においては、早くから実験棟「きぼう」の民間利用が開始されている。また、2020 年 6 月 30 日に閣議決定された宇宙基本計画においては、「我が国の国際的プレゼンスの向上にも寄与してきた ISS における活動については、費用対効果を向上させつつ、宇宙環境利用を通じた知の創造に引き続き活かす。また、国際宇宙探査活動で必要となる技術の実証の場として ISS を活用するとともに、ISS における科学研究及び技術開発の取組を、国際協力による月探査や将来の地球低軌道活動に向けた取組へと、シームレスかつ効率的につなげていく」ことが盛り込まれており、今後更なる ISS の活用が期待されている。

2. ISS に関する法的枠組み

◆(1) ISS 運用を規定する法的枠組みの概観　　ISS に関する法的枠組みは、①「民生用国際宇宙基地のための協力に関するカナダ政府、欧州宇宙機関の加盟国政府、日本国政府、ロシア連邦政府及びアメリカ合衆国政府の間の協定」（IGA）、②了解覚書（MOU）、③その他の実施取決め、の 3 層構造となっている（図表 1-4-1 参照）。

①IGA は、ISS の詳細設計、開発、運用および利用に関する参加主体（各国政府）間の長期的な国際協力の枠組み（権利義務を含む）ならびに民生用国際宇宙基地の計画について定める条約である。一方、②MOU は、IGA を実施するために、NASA と各国協力機関等の二者間で締結された二者間合意文書であり、また、③その他の実施取決めも同様に二者間で必要に応じて補完的に締結されるものである。

1988 年に、米国、日本、カナダおよび欧州の間で IGA（旧 IGA）が署名され、1992 年に発効、その後、1998 年に当事者にロシアを加えて旧 IGAの内容を大幅に修正した現行の IGA が署名され、2001 年に発効した。日本は、IGA について、1998 年国会の承認を得て批准し、条約として発効している。また、日本と NASA との間では、MOU として、「民生用国際宇宙基地のための協力に関する日本政府とアメリカ合衆国航空宇宙局との

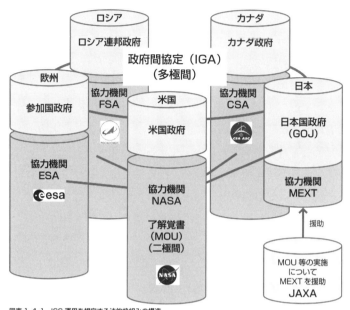

図表 1-4-1　ISS 運用を規定する法的枠組みの構造
（出典）文部科学省「国際宇宙ステーション（ISS）計画概要」（平成 26 年 4 月 22 日）

間の了解覚書」が 1998 年に締結され、IGA の発効後、国内手続を経て
2001 年に発効している。さらに、日本と NASA との間の実施取決めとし
て、2008 年に締結された「米国航空宇宙局による日本実験棟のシャトル
打上げ業務提供と文部科学省による物品及び役務の提供の交換に関する米
国航空宇宙局と文部科学省の間の実施取決め」や、2009 年に暫定合意さ
れた「民生用国際宇宙基地のための協力に関する文部科学省のシステム運
用に共通の責任並びにその他の義務と要求を相殺するための文部科学省に
よる宇宙ステーション補給機（HTV）輸送業務の提供に関する米国航空宇
宙局と文部科学省の間の実施取決め」が存在する。

◆(2) 国連宇宙 5 条約との関係　　IGA は、国連の関与なく、関係国限り
で採択されたものであるが、IGA 2 条 1 項（国際的な権利及び義務）は、「宇
宙基地は、国際法（宇宙条約、救助協定、責任条約及び登録条約を含む。）に従っ
て開発し、運用し、及び利用する。」と規定することから、宇宙条約が定
める宇宙活動自由の原則（宇宙条約 1 条）や宇宙の領有権禁止原則（同 2 条）

および国家への責任集中の原則（同 6 条）等の諸原則は、ISS の開発、運用および利用においても適用がある。たとえば、宇宙の領有権禁止原則により、参加国は、当該参加国が登録国となる ISS の要素につき、自国が所有権を有するからといって、そこを法的な領土とすることはできない。ただし、IGA では、損害賠償条約を一部修正する規定が設けられている（後記 3（5）参照）。

3. IGA の概要

◆(1) 平和利用の目的　　IGA 1 条 1 項（目的及び範囲）は、「国際法に従って平和的目的」のために ISS の「詳細設計、開発、運用及び利用」を行うと規定している。

　ここにいう「平和的目的」は、「国際法に従」うとされているため、国連憲章 2 条 4 項（他国に対する武力による威嚇または武力の行使の禁止）や国連憲章 51 条（自衛権）および宇宙条約 4 条（大量破壊兵器の軌道上配備の禁止、天体上における一切の軍事的活動の禁止）の範囲に限定されると解されている[*3]。そこで、ISS 内では、一切の軍事的活動が禁止されているものではなく、自衛権の範囲内での防衛目的の軍事利用は許容されているとみることができる[*4]。

　もっとも、IGA 9 条 3 項(b)は、当該利用が「平和的目的」に合致するものであるかについては、当該要素を提供している参加主体が決定すると規定している。そのため、ISS 内において行おうとするビジネスが、一定のナノテクノロジーの研究など軍事目的にも転用可能であるような場合には、「平和的目的」に合致しているかどうかについては、自国の国内法のみならず、関係する要素の登録国の国内法や当該要素の登録国との MOU および実施取決めの定めも確認する必要がある。

---

*3　小塚荘一郎・佐藤雅彦編著『宇宙ビジネスのための宇宙法入門〔第 2 版〕』（有斐閣・2018 年）148 頁以下。
*4　青木節子「世界の宇宙ビジネス法（第 9 回）国際宇宙ステーション（ISS）をめぐる宇宙ビジネスの可能性──宇宙法研究の重要性」国際商事法務 Vol. 47 NO. 3（2019 年）324 頁。

◆(2) 管轄権 　宇宙空間は、どの国の領土にも属していない。それゆえ、宇宙空間に存在する ISS における活動に関連する法的問題については、いかなる国の法律を適用すべきかという点が問題となる。

　宇宙条約 8 条は、宇宙空間に発射された物体を登録している条約当事者は、その物体およびその乗員に対して管轄権および管理の権限を保持すると規定している。そして、宇宙物体登録条約 2 条は、「打上げ国」が、宇宙物体について登録を行うと定めている。

　IGA では、それに加えて、IGA 5 条（登録、管轄及び管理の権限）が ISS の管轄権についての定めを規定している。同条において、各参加国は、宇宙物体登録条約 2 条に従って登録された自己が提供する飛行要素および自国民である ISS 上の人員に対し、管轄権および管理の権限を保持すると規定されている。したがって、日本の民間人が ISS に宇宙旅行をした場合は、どの参加国からの招待によるかを問わず、日本の管轄権の下に置かれることになる。「管轄権」とは、宇宙物体上で発生する事実や行為について、登録国が国内法の適用の対象とし、その遵守を強制する権限をいい、また、「管理の権限」とは、宇宙物体の活動に対する指令・追跡・管制等、関係国内法令に基づいて行われる事実上の規制行為をいう[5]。

◆(3) 刑事裁判権 　刑事裁判権については、IGA 22 条に定めがある。刑事裁判権は、国際法上、一般に第 1 には領域を基準とし、次いで国籍を基準としている。しかし、宇宙空間は、宇宙の領有権禁止原則（宇宙条約 2 条）により、国家による法的な領土の対象にはならない。そこで、IGA 22 条 1 項において、各参加国は、飛行要素上の人員であって自国民である者について刑事裁判権を行使することができるとし、国籍を基準として ISS に刑事裁判権を及ぼすこととされている。また、同条 2 項において、軌道上の違法な行為であって、①他の参加国の国民の生命もしくは安全に影響を及ぼすもの、または②他の参加国が登録する飛行要素上で発生し、もしくは当該飛行要素に損害を及ぼすものに係る事件について、当該行為によ

---

*5　小塚荘一郎・佐藤雅彦編著『宇宙ビジネスのための宇宙法入門〔第 2 版〕』（有斐閣・2018 年）142 頁。

って影響を受けた参加国は、その要請により、自国民が容疑者である参加国と協議を行い、一定の条件[*6]が満たされる場合に刑事裁判権を行使することができるとされている。

このように IGA は、自国民が容疑者である参加国に一時的な刑事裁判権を認めているが、当該行為によって影響を受けた参加国にも一定の条件のもと二次的な刑事裁判権を認めている。

もっとも、日本に関しては、ISS において日本に刑事裁判権が認められる犯罪行為が発生しても、ISS は日本国外であるため、国外犯規定しか適用されない。

◆(4) 知的所有権[*7]　ISS の実験棟では、ほぼ無重力という特殊な環境を利用し、様々な実験が行われている。その実験の成果としての知的所有権の帰属が商業上重要な意味を持つことはいうまでもない。知的所有権については、IGA 21 条に定めがある。同条において、ISS の飛行要素上で行われる発明については、当該要素の登録を行った参加国の領域においてのみ行われたとみなすと規定されている。ただし、ESA の登録する飛行要素については、ESA のいずれの加盟国も自国の領域内で行われたとみなすことができるという例外規定が置かれている。このように知的所有権については、属人的管轄権を採用せず、属地的管轄権の考え方がとられている。

しかし、IGA は、各参加国に立法上の管轄権を付与するものに過ぎないため、実際に当該規定を国内法によって適用するためには、別途国内法を整備する必要がある。この点、わが国の特許法では、特段、発明の地理的制約条件はなく、ISS 内の発明にもそのまま国内法を適用することができると一般的には解されている。

＊6　自国民が容疑者である参加国が当該刑事裁判権の行使に同意するか、訴追のため自国の権限ある当局に事件を付託するとの保証を与えないことのいずれかとされている（IGA 22 条 2 項 1 号・2 号）。

＊7　ここで、国内で一般的に使われる「知的財産権」（知的財産基本法 2 条 2 項に定義される）という用語ではなく「知的所有権」という用語を用いているのは、ICA 21 条 1 項において「Intellectual Property」は世界知的所有権機関を設立する条約 2 条の定義によるものとしているからである。

◆**(5) 損害賠償請求権の相互放棄**　　宇宙損害責任条約では、宇宙物体が地表において引き起こした損害については、打上げ国が無過失責任を負い、地表以外の場所において、打上げ国の宇宙物体またはその宇宙物体内の人もしくは財産に対して他の打上げ国の宇宙物体により生じた損害については、当該他の打上げ国またはその責任を負うべき者に過失がある場合にその責任を負うこととされている。この点、IGA 17 条では、各参加国は、IGA に別段の定めがある場合を除き、宇宙賠償責任条約に従って責任を負うとされている。

　IGA 16 条では、IGA 17 条にいう「別段の定め」として、損害賠償請求権の相互放棄が定められている。すなわち、参加国は、他の参加国、他の参加国の関係者またはそれらの被雇用者に対する損害賠償請求を放棄するものとされている。これは、宇宙空間における活動が高いリスクを伴う活動であることをふまえたものである。また、参加国は、自己の関係者に対して契約等によりかかる相互放棄を自己の関係者および更にその関係者に拡張することが義務化されている。

　ただし、①参加国と当該参加国の関係者または同一の参加国の関係者の間の請求、②人の身体の傷害その他の健康の障害または死亡についての請求、③悪意（willful misconduct）によって引き起こされた損害についての請求、④知的所有権に関する請求、⑤参加国が損害賠償請求権の相互放棄を自己の関係者に拡張できなかったことから生ずる損害についての請求については相互放棄の適用はないとされている。[8]

---

4. アルテミス計画とアルテミス合意

◆**(1) アルテミス計画の概要**　　(ⅰ) アルテミス計画とは　　アルテミス計画とは、NASA が、2019 年に、人類初の月面着陸から 50 周年を迎えるにあたり開始した、再度人類を月面に送るプロジェクトをいう。

＊8　ここでの「参加国と当該参加国の関係者」とは、たとえば、(a)参加国と当該参加国の協力機関や(b)参加国と当該参加国の私企業を指し、また、「同一の参加国の関係者」の間とは、たとえば、(a)参加国の協力機関と当該参加国の私企業や(b)当該参加国の私企業同士を指す。

アルテミス計画においては、人類を月面に送るだけでなく、月周回軌道上に、新たな宇宙ステーションであるGateway（ゲートウェイ）を建設すると同時に、月面には人が滞在可能な宇宙基地を建設し、最終的には月軌道宇宙ステーションを前哨基地として、人類を火星に送り込むという計画である。

　アルテミス計画は2019年に開始され、有人火星探査が実行される2033年に完了する予定である。その行程は数段階に分かれており、現在公表されている探査スケジュールは、EM（Exploration Mission）1からEM3までの3ミッションである。

　①EM1（2022年2月予定）[9]：SLSロケットと[10]、オリオン宇宙船を無人で月[11]周回軌道に乗せるための試験を実施する。

　②EM2（2023年8月予定）：SLSロケットとオリオン宇宙船による、月への有人フライトテストを実施する。

　③EM3:（未定）：月面における有人探査を実施する。

　（ⅱ）ゲートウェイ　　アルテミス計画と並行して、月軌道上を周回する宇宙ステーションゲートウェイの建設が、2022年12月から開始予定である。

　ゲートウェイは、NASAが主導し、日本、カナダ、欧州、ロシアと協力して建設する予定である。日本（JAXA）はESAと共同で国際居住モジュールの建設等を担当することになっている。

　ゲートウェイは、火星等、月軌道よりも離れた惑星、宇宙空間（深宇宙）の探査のための技術実証のために用いられる予定である。

　ゲートウェイは、ISSに比して小規模であることから、月軌道上で利用可能なスペース、電力、通信等の利用資源が限定的であり、各国での利用機会も限られることが予想される[12]。ISSとゲートウェイとの比較は、以下

＊9　2021年10月時点での情報である。

＊10　NASAが、月や火星まで人や物資を送り込むために開発しているスペース・ローンチ・システムと称する大型ロケットを指す。

＊11　NASAが月や火星に宇宙飛行士を送り込むことを目的として開発している宇宙船を指す。

＊12　文部科学省宇宙開発利用部会国際宇宙ステーション・国際宇宙探査小委員会「月周回有人拠点（ゲートウェイ）の利用の基本的な考え方（案）」（2020年11月17日）

	ISS	ゲートウェイ （2021年6月時点での検討内容）
質量	約420トン	約70トン
居住空間	9モジュール	2モジュール
物資補給フライト	8フライト程度（年）	1フライト（年）
宇宙飛行士の滞在期間	365日（常時）滞在	年10〜30日程度滞在（それ以外は無人）
利用目的	・μG環境を用いた利用（宇宙医学、タンパク質結晶等） ・地球周回軌道を使った利用（地球観測） ・研究成果の地上への還元が主たる目的	・NRHO軌道の特性を使った利用（月面観測、月面通信の中継点等） ・月、月近傍探査の中継点としての利用（補給、サンプル回収等） ・地球圏外軌道を使った利用（地球周辺観測、放射線環境評価等） ・宇宙探査への拠点たる位置付け
特徴	・輸送コスト：相対的に低 ・通信量：相対的に大 ・放射線：相対的に低 ・軌道滞在：常時滞在 ・月以遠への必要増速量：相対的に大	・輸送コスト：相対的に高 ・通信量：相対的に小 ・放射線：相対的に高 ・軌道滞在：ほとんどの期間無人 ・月以遠への必要増速量：相対的に小
国際協力の考え方	各国の貢献比率に応じてリソースを配分	各国のあらかじめのリソースを都度調整

図表 1-4-2　ISSとゲートウェイの比較

の図表 1-4-2 のとおりである。[13]

　(iii) ゲートウェイと ISS の関係　　ゲートウェイの参加国は ISS の参加国と重複しているので、ゲートウェイの活用方針等については、現在 ISS参加国を中心に国際調整が行われている状況であり、ゲートウェイ特有の環境を活かし、ISS と相互補完可能な利用方法を模索している状況である。

　あわせて ISS の役割についても再検討が行われており、2018 年、ISS計画に参加している 5 か国を含む 25 の宇宙機関が参加する国際宇宙探査協働グループ（ISECG）[14]が国際協働による宇宙探査に関するシナリオとし

---

https://www.mext.go.jp/kaigisiryo/content/20201117-mxt_uchukai01-000011028_5.pdf

*13　内閣府宇宙政策委員会宇宙産業・科学技術基盤部会宇宙科学・探査小委員会第 32 回会合参考資料 3（https://www8.cao.go.jp/space/comittee/27-kagaku/kagaku-dai32/sankou3-2.pdf）（2020 年 10 月 1 日）。2020 年 11 月 17 日付け文部科学省研究開発局宇宙開発利用課宇宙利用推進室「月周回有人拠点（ゲートウェイ）の利用の基本的な考え方（案）補足資料」https://www.mext.go.jp/kaigisiryo/content/20201117-mxt_uchukai01-000011028_12.pdf

*14　International Space Exploration Coordination Group の略称。

て作成した国際宇宙探査ロードマップによれば、ISS は、宇宙へ人類が進出するための重要な技術を発展させる実証の場と位置付けられている。[*15]
2020 年 4 月、NASA は ISS について、探査技術および新興の商業利用を育成するための実証の場として活用する旨公表している。[*16]

　上記をふまえると、アルテミス計画の下、ISS は今後、ゲートウェイとともに、月以遠の深宇宙探査における実証実験等の場を提供する役割も担うことが予想される。

◆(2) アルテミス合意　　上記アルテミス計画遂行に伴い、月面および月周辺に関する多国間での法的枠組みとして、2020 年 10 月 14 日にアルテミス合意が締結された。[*17]

　アルテミス合意とは、アルテミス計画を遂行していく上で、月面および月周辺での活動について国際ルールを設けることを目的として定められたものである。

　当初の参加国は米国、日本、カナダ、イギリス、イタリア、オーストラリア、ルクセンブルク、アラブ首長国連邦の 8 か国である。

　アルテミス合意には、主に以下の事項が定められている。

・目的と範囲（1 条）　　署名国間で、アルテミス計画を推進するにあたっての原則、ガイドライン等を通じた共通認識を確立する目的を有する。これらの協定に定められた原則は、各署名国の民間宇宙機関が行う民間宇宙活動に適用されることを意図する。
・平和目的（3 条）　　本協定に基づく協力活動は、平和的な目的のためだけに、関連する国際法にしたがって行われるべきであることを確認する。
・透明性（4 条）　　署名国は、自国の規則に基づいて、自国の宇宙政策や宇宙探査計画に関する情報を広く発信、共有することで、透明性を確保

＊15　ISECG「The Global Exploration Roadmap（January 2018）」https://www.nasa.gov/sites/default/files/atoms/files/ger_2018_small_mobile.pdf 12 頁等。
＊16　NASA「NASA's Plan for Sustained Lunar Exploration and Development」https://www.nasa.gov/specials/artemis-accords/img/Artemis-Accords-signed-13Oct2020.pdf 5 頁等。
＊17　「THE ARTEMIS ACCORDS」https://www.nasa.gov/sites/default/files/atoms/files/a_sustained_lunar_presence_nspc_report4220final.pdf

する。
- ・相互運用性（5条）　署名国は、現在の宇宙インフラの中で、各国間で相互に運用することが可能なインフラ（燃料貯蔵や通信、電力システム等）については、相互に運用するために合理的な努力を行う。
- ・緊急時の支援（6条）　署名国は、宇宙空間で遭難しているクルーに必要な援助を行うために、あらゆる合理的な努力を払うとともに、宇宙救助返還協定に基づく義務を確認する。
- ・宇宙物体の登録（7条）　署名国は、関連する宇宙物体を、宇宙物体登録条約に基づいて登録すべきかどうかを決定することを約束する。
- ・科学データの公開（8条）　署名国は、自らの活動についての情報を一般に伝達・公開する権利を留保し、輸出管理情報等の適切な保護を図るために、公表前に事前に調整する。
- ・宇宙空間の遺産の保護（9条）　署名国は、人工物その他署名国の活動の証拠を含め、宇宙空間の遺産を保護する。
- ・宇宙資源（10条）　署名国における宇宙資源の採取および利用は、宇宙条約に準拠した、安全で持続可能な宇宙活動を支援する方法で実施されるべきであることを強調する。
- ・宇宙活動の干渉防止（11条）　署名国は、宇宙条約や、2019年にCOPUOSで採択された宇宙活動に関する長期持続可能性ガイドラインに配慮し、互いの宇宙空間の利用に対して有害な干渉を生じさせるような行為を行わないように努めることを約束する。
- ・軌道上のデブリの安全な処分計画（12条）　署名国は、軌道上のデブリ緩和を約束する。

　アルテミス合意は、条約ではなく、法的拘束力のない政治的宣言と整理されている点でISSに関するIGAと大きく異なる。その他、IGAとアルテミス合意との比較は以下の図表1-4-3のとおりである。

　各国の政府および民間団体における宇宙産業は、月面を中心にその市場規模を急速に拡大している。アルテミス合意は、法的拘束力のない政治的宣言とはいえ、宇宙資源の採取、利用方法や宇宙活動の不干渉等、将来各国間で調整が必要になると思われる事項も盛り込まれており、今後の宇宙活動における国際間のルールの策定を大きく促すものといえる。

	IGA	アルテミス合意
参加国	アメリカ、ロシア、日本、カナダ、イギリス、スイス、スウェーデン、スペイン、ノルウェー、オランダ、イタリア、ドイツ、フランス、デンマーク、ベルギー（15 か国）	アメリカ、日本、カナダ、イギリス、アラブ首長国連邦、ルクセンブルク、イタリア、オーストラリア、ウクライナ、韓国、ニュージーランド、ブラジル、ポーランド（13 か国）（2021 年 10 月現在）
法的位置付け	条約	アルテミス計画を含む広範な宇宙空間の各国宇宙機関による民生探査・利用の諸原則について、関係各国の共通認識を示すことを目的とした法的拘束力のない政治的宣言＊18
内容	主に以下の事項について規定されている。 ・法律事項 一般管轄権（5条）、行動規範（11条）、クロス・ウェーバー（16条）、関税等（18条）、技術移転・技術流出の保護（19条）、知的所有権の帰属（21条）、刑事裁判権（22条）、紛争解決（23条）、IGA の効力発生要件（25条、26条）、脱退（28条） ・非法律事項 平和目的（1条）、協力機関（4条）、運営（7条）、ISS の利用方法（9条）、ISS 搭乗資格者（11条）、輸送手段等（12条）、ISS の財政（15条）	主に以下の事項について規定されている。 平和目的（3条）、透明性（4条）、相互運用性（5条）、緊急時の支援（6条）、宇宙物体の登録（7条）、科学データの公開（8条）、宇宙空間の遺産の保護（9条）、宇宙資源（10条）、宇宙活動の干渉防止（11条）、軌道上のデブリの安全な処分計画（12条）

図表 1-4-3　IGA とアルテミス合意の比較

＊18　文部科学省研究開発局宇宙開発利用課宇宙利用推進室「国際宇宙探査及び ISS を含む地球低軌道を巡る最近の動向」（2020 年 11 月 11 日）https://www.mext.go.jp/kaigi-siryo/content/20201111-mxt_uchukai01-000010937_1.pdf

第2章
宇宙ビジネスの法務（各論）

▌第1節 衛星打上げサービス

1. 打上げサービスの特徴

　人工衛星を宇宙空間で利用するためには、まずは打上げロケットで人工衛星を宇宙空間に打ち上げる必要がある。[*1] 本節では、打上げサービスのうち、有人を除いたいわゆる人工衛星[*2]の輸送サービスについて述べる。

　かかる人工衛星の打上げ契約（以下、本節では単に「打上契約」という）サービスの特徴としては、第1に、他の運送サービスの場合と比較して、料金が高額であることが挙げられる。1回のロケットの打上げに必要になる費用は、ロケットの規模や打上げ事業者によってさまざまであるものの、一般に70億円から200億円程度であるといわれている。[*3] ロケット打上げ

---

*1　なお、打上げロケットに積み込む積載物またはその運搬能力を、ロケットの「ペイロード」という。

*2　このような宇宙へ運ぶ物資は一般に「ペイロード」と呼ばれる。ペイロードという用語は、一般に「人工衛星」よりも広い意義を有するが、本節ではペイロードは「人工衛星」を指す。

*3　たとえば、業界において現在最もコストパフォーマンスがよいとされる SpaceX 社の Falcon9 は 6200 万ドル、Falcon Heavy は 9000 万ドルであるとされる（Space X 社の公式 Web ページ https://www.spacex.com/media/Capabilities&Services.pdf）。また、欧州の Ariane5 ECA は 1 億 7800 万ドル、日本の H-IIA ロケットは 9000 万〜1 億 1250 万ドルとされている（United States Government Accountability Office, "SUR-PLUS MISSILE MOTORS: Sale Price Drives Potential Effects on DOD and Commercial Launch Providers"（August 2017）(https://www.gao.gov/assets/gao-17-609.pdf) p. 30)。もっとも、Ariane5 の打上げを行う Arianespace 社に対しては、LEAP（Launcher Exploitation Accompaniment Program）による財政的支援（年間 1 億ユーロ）および Ariane5 の技術・品質維持（年間 1 億 3000 万ユーロ）が行われることもあって、上記の価格での提供が可能となっている（https://www8.cao.go.jp/space/comittee/27-san

費用がこのように高額であるのは、ロケット自体の開発費・製造費が高額であること^{*4}に加え、打上げ施設の建設費用や維持管理費用やロケット推進剤（燃料）のコストも相応にかかることが背景にある。なお、打上げ料金が高額になる一因として、大部分のロケットが使い捨てであることも挙げられるが、近年では再使用ロケットも開発されており（SpaceX 社、Blue Origin 社等）^{*5}、再使用によるコストの低減が進んでいる。

打上げ契約サービスの第2の特徴としては、近年の多くのロケットの打上げ成功率は90%台後半で推移している^{*6}ものの、鉄道・船・商業旅客機・トラック等での輸送と比べると、失敗確率はいまだ相当に高いといえるため、打上げに失敗しうることを現実的なリスクとして想定する必要があることが挙げられる。そして、ロケットはその性質上、打上げ後に問題が発生したとしてもそれを飛行中に修正することは困難であることが多いため、万が一事故が発生した場合の被害は甚大になる可能性が高い。

打上げ契約には、上記のような打上げサービスの特徴をふまえた契約条項が規定される。以下では打上げ契約の典型的な条項を紹介する。なお、本節では、打上げ契約において、人工衛星を打ち上げる義務を負う者を「打上げ事業者」、打上げを委託する者（顧客）を「委託者」と呼ぶ。

---

gyou/sangyou-dai5/siryou1-2.pdf 参照))。
＊4　たとえば、日本の次期主力ロケットであるH3ロケットの総開発費は約1900億円とされる（宇宙航空研究開発機構「H3ロケットの開発状況について」（2018年11月29日。https://www.jaxa.jp/press/2018/11/files/20181129_h3.pdf）。
＊5　他にも、たとえば、宇宙航空研究開発機構（JAXA）、ドイツ航空宇宙センター（DLR）およびフランス国立宇宙研究センター（CNES）が協同して、2022年の初飛行を目標に、再使用ロケットの実験・開発を進めている（CALLISTO）。国立研究開発法人宇宙航空研究開発機構「JAXAにおける宇宙輸送に関わる取り組み」（2020年1月15日）（https://www.mext.go.jp/kaigisiryo/content/000036409.pdf）37〜44頁参照。
＊6　2020年1月現在の打上げ成功率は、Falcon9/Heavyが98％（80/82）、Ariane5は95％（101/106）、H-IIA/Bが98％（47/48）である（文部科学省研究開発局宇宙開発利用課「革新的将来宇宙輸送システム実現に向けた我が国の取組強化に向けて」添付資料3（https://www.mext.go.jp/content/20200519-mxt_uchukai01-000007399_5.pdf）参照）。

2. 打上げ契約のポイント

◆(1) 契約の性質　打上げ契約（Launch Service Agreement）は、ロケットの搭載物たる人工衛星を宇宙空間へ運ぶことを本旨とする契約であるから、運送契約の一種であると考えられる。運送契約については商法569条に定めがあり、同条1号は、運送人を「陸上運送、海上運送又は航空運送の引受けをすることを業とする者をいう。」と定義した上で、2号ないし4号で、「陸上運送」「海上運送」「航空運送」について定義規定を置いている。しかし、打上げ契約はこれらのいずれにも該当しないと考えられており、[*7]したがって、打上契約は、日本法においては、運送契約に類似する無名契約であると解されることになる。

◆(2) 打上げサービスの内容に関する条項　(i) 打上げサービスの内容　打上げ契約には、まず打上げ事業者（Launch Service Provider）が提供する打上げサービスの内容を定める条項が規定される。複数のペイロードが搭載される場合には、当該打上げ契約によって宇宙空間に運ばれる目的物（人工衛星）が、その打上げの主たるペイロードか、[*8]それとも、従たるペイロード、すなわち「相乗り」[*9]かも記載される。

　相乗りは、ロケットの打上げ費用が相応に高額である中で、ロケットに搭載すべきペイロードに余裕がある場合に、他のペイロードも搭載して打上げに要する費用を一部分担してもらうことで、打上げ費用を低減させるために行われ始めた。相乗りは、搭載できるペイロードのサイズや重量などに制約があるものの、近年では、技術の発達により、人工衛星の小型化や複数衛星の配置技術が進んだ結果、一度の打上げで搭載できる人工衛星の個数が増え、相乗りは非常に多く行われている。[*10]もっとも、この場合、

---

*7　商法569条4号は、航空運送を「航空法第2条第1項に規定する航空機による物品又は旅客の運送をいう」としており、航空法2条1項は、航空機を「人が乗つて航空の用に供することができる飛行機、回転翼航空機、滑空機、飛行船その他政令で定める機器」と定義している。ロケットは、ここにいう「航空機」に該当しないと一般に整理されている。

*8　他に、「プライマリーペイロード」、「主ミッション」などと呼ばれる。

*9　他に、「セカンダリーペイロード」、「副ミッション」などと呼ばれる。

従たるペイロードを所有する事業者は、打上げ費用を相当に抑えられるという大きなメリットがある反面、主たるペイロードに文字通り相乗りさせてもらう立場であることから、スケジュール等は主たるペイロードに左右され、主たるペイロードの準備が遅れれば、従たるペイロードの打上げも遅れることが規定される一方、従たるペイロードの準備のみが遅れた場合には、従たるペイロードは搭載されずに打上げを実施することが可能である旨が規定されることが通常である。もっとも、相乗りには、Co-Primary（共同第一順位）として、複数のペイロードを所有する事業者が同順位となる形態の相乗りも存在する。この場合には、スケジュール設定等の諸条件につき、ペイロード事業者間でどのように取り決めるかが交渉のポイントとなる。

(ii)「打上げ」の定義　　一般的な打上げ契約では、打上げ事業者の契約上の義務の履行は、「打上げ」に至った段階で、その履行が完了したものと扱われる。したがって、「打上げ」の定義は非常に重要である。この点、打上げ契約においては、ロケットの打上げ作業が不可逆になった時点、具体的には、固形燃料ロケットの場合には第一段ロケットの点火指令が出された時点、液体燃料ロケットの場合には、第一段メインエンジンの点火後に固体燃料ブースターに点火した時点をもって、「打上げ」が行われたと規定されるのが確立したマーケットスタンダードである[11]。ロケットのエンジン点火は、一般的に「打上げ」という用語が意味するリフトオフの数秒前に行われるので[12]、打上げ契約上の「打上げ」は、実際にロケットが浮上

＊10　国内では、ベンチャー企業や大学等の利用が多い。H-IIA ロケットの相乗り衛星の実例は、小型衛星の打ち上げ・利用に関する研究会『「小型衛星の打ち上げ・利用に関する研究会」報告書』（2018 年 3 月）（https://www.soumu.go.jp/main_content/000543643.pdf）17 頁以下に記載がある。もっとも、JAXA では、現在は募集されていない（https://aerospacebiz.jaxa.jp/solution/satellite/#h-iia 参照）。

＊11　このように固体燃料ロケットの場合と液体燃料ロケットの場合で「打上げ」の定義に相違が生じるのは、液体燃料ロケットにおけるメインエンジンは直前に止めることができる一方で、固体燃料ロケットは点火したら止めることはできないため、打上げの作業が不可逆になる時点が異なるからである。

＊12　株式会社コスモテック「カウントダウンとエンジンスタート（第 11 回）」（https://www.cosmotec-hp.jp/column/future11.html）

するより早いタイミングで迎えることになることに留意する必要がある。

(iii) 打上げ失敗の場合のリスク分配　　上記**(ii)**において述べたとおり、打上げ契約においては、打上げ事業者の契約上の義務の履行は、「打上げ」に至った段階で、その履行が完了したものと扱われることから、「打上げ」の時点を基準として、打上げ契約の義務履行に係るリスクが、打上げ事業者から委託者に移転されるという建付けになっている。したがって、委託者としては、「打上げ」に至る前のリスク[13]であれば、失敗したとしても打上げの履行請求権が存続するので、打上げ事業者に引き続き義務の履行を求めることが可能であるが、「打上げ」の時点より後のリスクについては、もはや履行請求ができないこととなる。また、「打上げ」以降に何からの問題が発生して、仮に人工衛星を予定通りの衛星軌道に投入できなかったとしても、契約上特段の定めがない限り[14]、委託者は打上げ事業者に対して契約上の債務不履行に基づく損害賠償等の請求を行うことはできないことになる。そこで、委託者としては、「打上げ」の時点より後のリスクをカバーするために、宇宙保険に加入するなどして対策を講じることになる。

◆**(3) クロスウェーバー条項**　　**(i) クロスウェーバー条項とは**　　クロスウェーバー条項とは、打上げ契約の契約当事者間および当事者の下請先・委託先等の関係者において、直接または間接の損害賠償請求権を事前に相互に放棄することに合意することを定める条項をいう。打上げ契約においてはクロスウェーバー条項が定められるのがマーケットスタンダードとなっている。

　打上げが失敗した場合、委託者は、人工衛星を再調達するコストを負担

---

*13　「打上げ」よりも前に爆発事故が生じる例は少ないものの、2016 年 9 月 1 日に発生した Space X 社の Falcon9 の爆発事故（static fire test と呼ばれる、打上げ前のリハーサル時に発生）の例などがある（https://techcrunch.com/2016/09/01/here-what-we-know-about-the-spacex-explosion/）。

*14　かかる特段の定めとしては、たとえば Arianespace 社が提供している「打上げリスク保証（LRG: Launch Risk Guarantee）」が挙げられる。LRG は、打上げ失敗があった場合に無料で再打上げを行うという規定であるところ、再打上げのための要件は、「打上げ失敗があった」という事実だけで十分であり、失敗の原因がロケットにあったのか、ペイロードにあったのかを問わないところに特色がある。

しなければならず、また、打上げが成功すれば得られたであろう利益を得ることができなくなってしまうが、クロスウェーバー条項が定められている以上は、仮に打上げ事業者に打上げ失敗に関して何らかの過失があったとしても、打上げ事業者に対して損害賠償請求を行うことはできないことになる。一見不合理とも思われるこのような条項が一般化している理由は、以下の通りである。すなわち、ロケットの打上げに係るリスクは依然として高く、損害額が甚大になる可能性があり、また関係当事者が多く損害が発生した場合の求償関係は複雑になり得る。そのような中で、各事業者が通常の不法行為や債務不履行責任に基づく損害賠償請求を受けるリスクを負担したままでは、事業者が安心して前向きに事業を成長させることができなくなることから、業界全体の発展のため、損害が生じた場合には相互に損害賠償請求を行うのではなく、契約当事者が各自に生じた損害を自ら負担すると決めた上で、それぞれ自らに生じうるリスクを保険等によりカバーしたほうが、予測可能性がありかつ合理的である。そのような発想に基づき、クロスウェーバー条項は、NASAをはじめとする各国の商業打上げサービス契約、米国の1984年商業宇宙打上げ法（CSLA: Commercial Space Launch Act of 1984）[*15]・フロリダ州などの州法でも採用されるに至り、また、NASAや法令上のクロスウェーバー条項はその直接・間接の請負先や顧客にまで拡張されるものであることもあり、このリスク負担の枠組みが広く商業宇宙利用に関する契約で導入されるようになっている。

(ii) **クロスウェーバー条項の有効性**　打上げ契約におけるクロスウェーバー条項の有効性に関して、米国では裁判例が存在している。MARTIN MARIETTA CORP. 対 INTELSAT 事件[*16]において、打上げ契約はクロスウェーバー条項と打上げサービスに係る最善努力義務を定めていたところ、裁判所は、最善の努力を尽くしたことがクロスウェーバー条項に基づく免責を有効に認めるための条件になるという解釈を示した上で、クロスウェ

---

*15　51 U.S.C. 50914 (b)、第2章第3節2 (5) 参照。

*16　Martin Marietta Corp. v. Intelsat, 763 F. Supp. 1327 (D. Md. 1991) and 978 F. 2d 140, 991 F. 2d 94 (4th Cir. 1992).

ーバー条項の有効性自体は認めている。また、米国の裁判例では、クロス
ウェーバー条項における契約当事者以外の関係者に係る免責の同意につい
ても有効と判断されている。[17]

　他方で、日本法におけるクロスウェーバー条項の有効性について判示す
る裁判例は、筆者らの知る限りまだ存在しない。もっとも、クロスウェー
バー条項は、各当事者にとって基本的には互恵的な規定であり、打上げ契
約のリスクの高さや算定の困難性という事業の特性をふまえた合理的な規
定であると考えられるので、日本法の下でも事業者間の契約においては基
本的に有効と解されると考える。[18]ただし、このクロスウェーバー条項は宇
宙開発に携わる関係者の「性善説」に基づく規定であると考えられている。
そのため、故意に基づく行為（willful misconduct）等についてはクロスウェ
ーバーの対象外とされるケースもある。[19]

◆**(4) 第三者損害保険への加入**　　上記の通り、ロケット打上げの当事者
およびその関係者は、クロスウェーバー条項を規定する代わりに、打上げ
の失敗により自らに生じうるリスクをカバーするため、自ら任意保険に加
入する必要がある。打上げ契約では、クロスウェーバー条項の有効性を担
保し、また関係者間における紛争を防止する観点から、当事者にかかる任
意保険への加入を義務づけることがある。なお、ロケットの打上げは、そ

＊17　Appalachian Insurance Co. v. McDonnell Douglas Corp, 214 Cal. App. 3d 1, 262 Cal.
　　　Rptr. 716（1989）.
＊18　日本法においては、損害賠償額の予定を定める規定の予定額が低すぎる場合の有効
　　　性に関して、「基本的には過大な予定賠償額の場合と同じ」であるとされ、約定額と実
　　　損額との不均衡や、反対給付との不均衡、当該条項について契約の自由が実質的に確
　　　保されているか等も考慮して判断することになると考えられている（奥田昌道編著
　　　『新版注釈民法⑽Ⅱ　債権(1)　債権の目的・効力(2)』（有斐閣・2011 年）662 頁〔能見
　　　善久・大澤彩執筆部分〕参照）。クロスウェーバー条項も、損害賠償額の予定額を相互
　　　にゼロと約定するものと整理しうるから、その有効性は、各当事者が相互に放棄すべ
　　　きリスクが著しく不均衡ではなく、かかる規定を置くことに合理性があるかどうかと
　　　いう観点から判断されるものと思われる。また、クロスウェーバー条項に基づく免責
　　　を契約当事者以外の関係者に拡張する規定については、第三者のためにする契約（民
　　　法 537 条）としてその有効性が認められる可能性が高いが、その場合でも、関係者の
　　　受益の意思表示が必要である（同条 3 項）ことに留意が必要である。
＊19　なお、ISS の IGA（第 1 章第 4 節参照）でも、クロスウェーバー条項には故意に基
　　　づく行為その他一定の例外が設けられている。

の性質上、無関係の第三者にも甚大な損害を生じさせる危険があるため、各国の法令でこれらの第三者に生じた損害を賠償する保険への加入義務が定められている（第2章第7節参照）。

◆**（5）支払条件**　事案によって様々であるが、打上げ契約の代金支払いは、分割払いとした上で、ロケットの打上げを実施する前に払い切る建付けにする例が多い。具体的には、契約締結時に頭金（down payment）を支払った上で、一定の期日ごとに、または打上げに向けた一定の到達目標（マイルストーン）に到達する度に契約所定の金額を支払う例が多い。

◆**（6）スケジュール**　通常、打上げ契約の締結から実際の打上げまでには年単位の期間が空く。そこで、打上げ日の決定は、案件ごとに異なるものの、典型的には、何段階かに分けて打上げのスロットが限定されていくというプロセスを経て確定される。たとえば、①最初に3〜6か月の範囲で打上げ期間を特定し、その後、②その期間の最初の日を迎える半年前までに、上記の期間中の1か月の枠として打上げ期間を限定する。そして、③上記の1か月の期間の初日を迎える3か月前に、具体的な日付を特定するという具合である。[20]

　なお、具体的な打上げスケジュールについては実際には打上げ事業者と委託者との間で協議の上決まっていくが、契約上は、最終的には打上げ事業者側がスケジュールの決定権を有するように設計される例が多い。また、上記のとおり、打上げに相乗りする場合は、主たるペイロードの日程に左右されることになる。

◆**（7）延期**　人工衛星の打上げのスケジュールが上記（6）のプロセスにしたがっていったん特定されても、開発の遅れ等の事情により打上げの日程が延期されることは実際にしばしば発生しうる。委託者側の事情による延期の場合と打上げ事業者側の事情による延期の場合のそれぞれについて、新しいスケジュールの定め方や延期に伴う金銭的負担についての定めを契約上規定することになる。もっとも、事案によるものの、打上げ事業

---

[20]　打上げを行う1か月の枠を決めた後、具体的な日付を定める前に、さらに1週間の範囲に打上期間を限定する場合もある。

者側の事情による延期による違約金は定められない例が比較的多いように思われる。[*21]代わりに、打上げ事業者側の事情による長期間（1年以上等）の遅延の場合は、委託者に打上げ契約の解除権が発生する旨が定められることが多く、この場合、既払いの代金は委託者に返還されることが通常である。他方、委託者側の事情による遅延の場合は、違約金の定めが設けられたり、打上げ時期および打上げ料金の再交渉を行う旨が規定されたりすることが多い。

◆ **(8) 任意解除権**　委託者のペイロードの開発が予定通り進まない場合などを想定し、委託者側が任意の打上げ契約解除権を有することが多い。この場合、解除の時期（打上げ予定日のどの位前か）に応じて、一定の解約違約金の定めが設けられることが多い。解除が打上げ予定日に近づくにつれて解約違約金の金額は上がっていくのが通常である。

これに対して、打上げ事業者が任意に打上げ契約を解除できる旨は、委託者側の地位を著しく不安定にしてしまうので、通常は規定されない。

◆ **(9) 準拠法・仲裁合意**　打上げ契約の準拠法については、打上げ事業者の所在地法が準拠法とされることが多い。打上げ事業者は、その所在地法に基づいて打上げを行う許認可等を得ていること、その所在地法上求められるクロスウェーバー条項等の特殊な条項の有効性が他の法域を準拠法に選択すると担保されない可能性があることなどから、このような取扱いは合理的であろう。

紛争解決方法としても、準拠法に合わせて打上げ事業者の所在地における裁判または仲裁とされることが多いが、特に仲裁を選択する場合は、仲裁機関や仲裁の場所について、交渉の幅があるものと思われる。

---

*21　延期による違約金を定める場合でも、打上げ料金の2～3％程度の上限が付されることが多いとされている（Ingo Baumann, and Lesley Jane Smith, "Contracting for Space"（London: Routledge, 2011), p. 390)。

1. 衛星サービスの概要

　人工衛星はすでに人類になくてはならない役割を果たしているが、科学探査・軍事目的以外で使用される人工衛星の用途は、大きく、①衛星測位、②衛星通信・放送、③衛星リモートセンシングに分類できる。用途によって、使用される人工衛星の大きさや種類も異なり、配置も単発での打ち上げから、複数の衛星を配置するコンステレーションまで、さまざまである。

　①衛星測位は、人工衛星（測位衛星）を用いて、位置情報をリアルタイムに提供するサービスである。米国が開発・運用する全地球測位システム[*1]（Global Positioning System（いわゆる GPS））衛星群が測位衛星の代表例であり、測位衛星は、安全保障の観点から国家が保有しているケースがほとんどである（たとえば、米国の GPS 衛星群のほか、ロシアの GLONASS、中国の北斗等）。日本では、2010 年に準天頂衛星初号機である「みちびき」が JAXA によって打ち上げられ、2021 年には 5 機体制の運用が整い、より高精度の衛星測位サービスの提供が可能となった。みちびきは、2024 年までに 7 機体制となることが想定されており、GPS 衛星と一体で使用することができる点に最大の特徴を要する。みちびきの電波は、対応する受信機を購入することで、誰でも無料で使用することができる。このみちびきを利用した測位情報を補正し、その誤差を数 cm までに縮めるサービスの提供主体として、グローバル測位サービス株式会社が国内大手企業の合弁会社として設立され、そのサービス提供を開始している。このように、衛星測位の分野では、民間の事業者が人工衛星を打ち上げて測位情報を提供するというよりは、現在利用可能な測位衛星を使用して、その情報精度を高めるサービスを提供しようという動きが主流である。

---

*1　正確には、「人工衛星から発射される信号を用いてする位置の決定及び当該位置に係る時刻に関する情報の取得並びにこれらに関連付けられた移動の経路等の情報の取得をいう」と定義されている（地理空間情報活用推進基本法 2 条 4 項）。

②衛星通信・放送は、軌道上の人工衛星を介して通信を行うサービスである。たとえば、高品質のデジタル画像を一斉配信することができる衛星テレビ放送は地上波回線での放送が難しい山間部や離島への配信に強みを持っている。この衛星放送の分野で草分けとなった企業は、スカパーJSAT 株式会社であり、同社は 20 の自社衛星を使用して、衛星通信・放送事業を手がけている。通信・放送の領域は、官主導の国内の宇宙産業の中で珍しく民間主導で発展してきた領域であるといわれている。海外の動きとしては、直近では、SpaceX 社が高速インターネット圏の実現に向けて、総数 1 万 2000 機のメガコンステレーション計画（Starlink 計画）を進めていることが話題となっている。

③衛星リモートセンシングは、地球周回軌道上の人工衛星に搭載されたセンサーを用いて、地表および水面を電磁波によって観測する技術をいい、収集できる情報が多様であることから利用できるビジネスシーンが極めて多岐にわたっており、現在多くの企業が注目している。日本の企業でもアクセルスペース社が 2.5 m 分解能のセンサーを搭載した人工衛星を軌道上に複数配置し、1 日 1 回地球上の全陸地の半分を撮影することを可能にする AxelGlobe 計画を発表している。

本節では、これらの衛星サービスおよびそれに付随する人工衛星の調達一般に関して、どのような法律が適用され、また契約上どのような点が問題となるかについて検討する。そして、次節で、独自の法的論点が多く存在する衛星リモートセンシングビジネスについて説明する。

2. 衛星サービスを規律する主要な法律等

◆**(1) 概要**　衛星サービスは、人工衛星を製造し、打上げ、宇宙空間に位置する人工衛星から取得した何らかのデータを用い、またはその通信機能を用いることで成立するビジネスである。したがって、人工衛星の打上げの過程で問題となる法律、人工衛星との通信を行うために必要となる法律、さらには人工衛星から取得したリモートセンシングデータを取り扱う場合に問題となる法律と、複数の法律が関わることになる。

◆(2) 人工衛星の打上げの過程で問題となる法律　　人工衛星の打上げの過程で問題となる法律は、人工衛星等の打上げおよび管理に関する規律を定める宇宙活動法である。日本国内において人工衛星を打上げまたは運用する場合には、同法に基づく許認可が必要となる。宇宙活動法の詳細は、第1章第2節を参照されたい。

◆(3) 人工衛星との通信を行うために必要となる法律　　人工衛星との通信を行うために必要となる法律としては、電波法が重要である。電波は、電磁波のうち（通常）3キロヘルツから300万メガヘルツまでの周波数の範囲のことを指すが、人々が利用できる電波はこの範囲の一部に限られている。そして、同一の地域で同一の周波数を割り当ててしまうと電波は混線してしまうことから、周波数の割当ては、他の電波利用者との調整が不可欠であり、その意味で電波は有限であるといえる。

　このような電波利用の有限性に鑑み、混線や妨害を防ぎ、人々が公平に電波を利用することができるように定められたルールが電波法である。電波法は、無線局を開設し、電波の利用をしようとする者は、原則として総務大臣の免許を受けることを求めている。しかし、総務大臣がかかる免許を出すには、国際電気通信連合（通称ITU）を介して国際的な周波数の調整を行う必要がある。というのも、国内で割り当て可能な周波数は、国際調整の結果日本で使用することが認められた周波数でなければならないからである。この国際調整は、人工衛星の打上げの約2年前から開始する必要があり、人工衛星を用いたビジネスを行う上での最大のハードルである。また、総務省は周波数ごとに使用目的を作成しており、当該割当表に従って使用する周波数を選択する必要がある点も注意が必要である。

◆(4) 人工衛星から取得したリモートセンシングデータを取り扱う場合に問題となる法律　　人工衛星から取得したリモートセンシングデータを取り扱う場合に問題となる国内法として衛星リモセン法があり、また、国際法としては、国連リモートセンシング原則がある。これらについては第2章第3節を参照されたい。

事前公表 資料の提出	・打上げの 2 年前には総務省に対して関係資料を提出し、API の作成開始。[*2] ・約半年の期間を要し、API を ITU へ提出。
事前公表 資料の公表	・ITU は受領した API を約 3 ヶ月の内部処理の後、ITU 回章によって公表する。
他国からの 意見申立	・他国からの意見申立期間は 4 ヶ月間。
申立国との 国際調整	・他国からの意見申立てがあった場合には、書簡のやりとり又は会議によって調整する。数ヶ月程度要する。 ・この対応が終わると国内での免許交付のステップに進む。
通告・登録	・実際の運用を開始する前に ITU に通告する。

図版 2-2-1　国際調整の流れ

3. 人工衛星の調達に関する契約法務

◆(1) 人工衛星の売買契約　　人工衛星を調達するにあたり、シンプルに人工衛星の所有権を取得する場合は、人工衛星の売買契約が締結されることになる。

(i) 引渡場所の特定　　人工衛星の売買契約における引渡しの方法としては、地上の引渡しと軌道上の引渡しがある。軌道上の引渡しの場合には、メーカーが打上げサービスまで担うことになるが、当該引渡場所である軌道上の地点を契約上どのように特定するかという点が問題となる（下記サンプル条項参照）。

---

*2　API とは、Advance Publication Information（事前公表資料）の略称であり、世界無線通信会議（WRC）が定める無線通信規則（Radio Regulations）9.1 号に基づき、人工衛星の使用開始日の 7 年前から 2 年前までに、当該衛星通信網の特性の説明資料として ITU に送付することが求められるものである。実務上、申請者は、総務省の担当者に必要な相談をしながら API を作成することになる。

〈サンプル条項〉

第●条　（納期及び納地）

1　譲渡人は、本衛星及び衛星管理装置を、以下に定めるそれぞれの納入場所において以下に定める納入時期までに譲受人に引渡す。

項目	契約物品	納期	納地
1	本衛星	●年●月●日	静止軌道上の東経●度又は●度のうち、●年●月●日までに購入者が指定する場所
2	衛星管制装置	●年●月●日 ただし、納期に先立ち、通信衛星との適合試験を実施した後、購入者の指定する日本国内の場所へ設置し、通信衛星の受入試験にも使用することとする。また、通信衛星の受入試験開始の30日前までに、購入者が指定する場所において動作確認を終了すること。	●年●月●日までに購入者が指定する場所

2　前項に規定する期日よりも、本衛星及び衛星管理装置の納期を早めることが可能な場合には、各当事者は協議のうえ、納期を変更する旨の合意をすることができる。

　(ii) 許認可の取得に関する条項　　衛星の売買にあたっては、宇宙活動に関する国際法・国内法上の規制にも留意する必要がある。たとえば、宇宙活動法では、国内に所在する人工衛星管理設備を用いて人工衛星の管理を行う場合には、内閣総理大臣の許可を得る必要があるが（宇宙活動法20条1項）、国内の事業者が別の国内の事業者から衛星を含む事業の譲渡を受ける場合には、譲渡人および譲受人は内閣総理大臣の事前の認可を得ることによって、宇宙活動法20条1項の許可を承継する必要がある（同26条1項）。また、衛星の売買が国をまたいで行われる場合は、譲渡人の所在国における輸出規制の適用があり得る。そこで、売買契約上も、たとえば以下のような規定を設けておくことによって、衛星の購入者が売買契約のク

ロージング後直ちに想定していた事業を開始できるように手当てをしてお
くことが望ましい。

〈サンプル条項〉

第●条 （許認可の取得）

1 譲渡人は、本衛星及び衛星管理装置の譲渡のために譲渡人において必要
とされるすべての登録、申請及び許認可の取得を譲渡人の責任と費用負
担で行い、また本衛星及び衛星管理装置の譲渡のために譲受人において
必要とされるすべての登録、申請及び許認可の取得に関して、譲受人の
要求に応じて商業上合理的な協力を行う。

2 （国境を超える売買の場合に規定）当事者は、本契約に基づく製品、サー
ビス、データ及び文書の引渡し又は本契約に基づく技術データ及び装置
（以下、「輸出認可品目」という。）の提供若しくは利用が、X国（注：譲渡
人所在国）の輸出管理に係る法令及び規制に服することを相互に確認する。
譲渡人は、輸出認可品目の輸出に必要な許認可を取得するよう商業上合
理的な努力を行い、譲受人は、譲渡人がかかる許認可を取得するために
必要な情報を譲渡人の要求に応じて契約者に提供するよう商業上合理的
な努力を行う。

◆(2) 人工衛星の製造受託契約　　実務上、人工衛星の売主が人工衛星の
製造を全て自社で完結しているケースは極めて稀であり、多くの場合は、
人工衛星の全部または一部につき、外部に製造委託を行うこととなる。こ
の場合、人工衛星の売主は、外部ベンダーとの間で製造物供給契約を締結
することとなる。

　かかる製造物供給契約については、次の諸点に留意する必要がある。第
1に、地上で使用される一般的な製造物の供給契約とは異なり、製造物が
人工衛星の場合には事後的に瑕疵が見つかった場合でも当該瑕疵を修補す
ることが技術的に困難であることが通常であり、製造委託者としては瑕疵
修補請求による救済が期待できない。そのため、金銭補償が原則となり、
かかる事後的な金銭補償の支払が行われないリスクを低減するため、実務
上、宇宙空間で一定期間の動作確認がされた段階で代金の何％を支払うと

いう形のマイルストーン型の対価支払い方法が選択されるケースがある。

第2に、地上で使用される一般的な製造物と比べ、人工衛星は厳しい打上げや宇宙空間の環境にさらされるため、故障などの不具合が生じるリスクが相対的に高く、また、その原因が不可抗力によるものなのかどうかの判断すら困難であることも多い。したがって、製造受託者としては、納品後に負う契約不適合責任について、損害を賠償することになる瑕疵の範囲を限定したり（たとえば、引渡し後、打上げまでに発見された瑕疵に限るなど）、損害額の上限を定めたり、あるいはクロスウェーバー条項を入れるといった形で、損害賠償リスクが無限定に拡大しないように注意する必要がある。

第3に、人工衛星の製造物供給契約では、契約期間中に契約の相手方が軍事関係企業に吸収合併された場合や、軍事関係企業にその事業を譲渡した場合は、解除ができる旨の条項が定められることも珍しくない。これは、人工衛星の買主が、他国の軍事関係企業が製造に関係する人工衛星を購入することを控える可能性を回避するためである。

なお、以上の人工衛星の製造物供給契約について述べた点は、人工衛星の売買契約にも当てはまる。

◆(3) 人工衛星の使用契約　　人工衛星を用いたビジネスを行うにあたっては、自ら人工衛星を所有することなしに、オペレーターが所有し運用する衛星を利用してビジネスを行うことも考えられる。この場合には、オペレーターとの間で、衛星使用契約またはトランスポンダー（中継器）利用契約を締結する必要がある。衛星使用契約は、衛星オペレーターが通信機能を提供し、それに対して利用者が対価を支払うといった形の契約であり、日本の民法上は委任契約として整理されると解されている。衛星使用契約では、サービスを提供する衛星オペレーターが数値基準によって一定の品質を約束し、それが実現できなければ、利用者に損害賠償金を支払う条項が規定されることが多い。他方、トランスポンダー利用契約は、衛星に設置された特定のトランスポンダーの使用権を利用者に付与する契約であるが、トランスポンダー利用契約においても、当該トランスポンダーの機能が低下した場合等の取扱いにつき、衛星使用契約と同様の品質保証条項を

定めておくことが望ましい。

◆**(4) その他の契約**　　人工衛星の運用にあたっては、人工衛星のバス機器を運用するいわゆる管制システム（アンテナ、地上局および運用管制局等の設備が挙げられる）と人工衛星から取得したデータを受信するための受信システム（アンテナやクラウドシステム等が挙げられる）が必要であるところ、これらの管制システムや受信システムに関する設備は必ずしも人工衛星の運用者が所有していない場合も多く、このような場合には、衛星サービス事業者は、必要な設備を持つ第三者との間で役務提供契約を締結することとなる。また、衛星サービス事業者が取得した衛星データを貯蓄するクラウドについては、また別の事業者との間で契約を締結することが通例である。

　このように、衛星サービス事業者がエンドユーザーに対して人工衛星を用いたサービスを提供する場合には、人工衛星の製造、打上げ、運用、データの管理、データの解析などの各過程で、様々な事業者と契約を締結することになる。したがって、想定していた人工衛星を用いたサービスが何らかの不具合により提供できなくなった場合に、どの事業者が原因を究明するコストを負担するか、どの事業者がどの範囲で責任を負うかといった問題が生じる。実務上は、委託料または報酬の何％という形で損害賠償の上限額を規定したり、あるいは、かかる複雑な法律関係を回避することを目的として、クロスウェーバー条項を規定することが通例である。

第3節 衛星リモートセンシングビジネスおよび衛星リモセン法

1. 衛星リモートセンシングビジネス

　衛星リモートセンシングとは、地球周回軌道上の人工衛星に搭載されたセンサーを用いて、地表および水面に存在する物を電磁波によって捉える技術をいう。衛星リモートセンシングに使われるセンサーは様々であり、たとえば、光学式センサーは、写真撮影同様に光の反射を用いて地表面または海表面を観測するが、合成開口レーダー（SAR: Synthetic Aperture Radar）センサーは、電波の反射を用いた観測であることから、地表の天候に左右されることなく観測が可能である。他に、熱赤外センサーを用いれば、地表や海面の温度分布を観測することも可能である。また、近年では、人工衛星の小型軽量化が進んでおり、多数の小型衛星を軌道上に配置する、いわゆる「コンステレーション」も計画されている。人工衛星のコンステレーションによって、より高頻度で最新の情報を取得できるようになる。

　このような衛星リモートセンシングを活用したリモートセンシングビジネスは、人工衛星ビジネスの中核を成すとともに、宇宙ビジネスで最も実用化が進んでいる分野であるといわれている。

　衛星リモートセンシングビジネスの最大の特徴は、取得した一次データそれ自体を販売するのみならず、そこから読み取ることができる様々な情報やソリューションを合わせて提供することでデータに付加価値をつける点にある。[*1] たとえば、米国の地理空間分析ソフトウェア企業である Orbital Insight 社は、衛星リモートセンシング技術を用いて原油タンクの上部に映る影から、各原油タンクの貯蓄量等を解析し、投資家向け情報として提供する等といったサービスを提供している。

---

　*1　後記のとおり、国連リモートセンシング原則では、取得したデータをその加工段階に応じて、一次データ、処理データ、解析済みの情報に分類している。ただし、本節では、加工の有無や段階にかかわらず、衛星リモートセンシング技術を用いて取得されたデータを総称して「衛星リモートセンシングデータ」と呼ぶ。

衛星リモートセンシング技術を用いて取得されたデータは、このように
それらを加工することによって、ビジネスにおいて非常に高い価値を有す
る情報となることもあれば、インフラの整備や防災に役立つこともある。
一方で、技術の発達に伴い、データ解像度など取得できるデータが高精度
になるほど、国防・安全保障との関係での検討が不可避的に伴う。

　かかる問題意識はかなり早い段階から国際的にも浸透しており、1968
年の第1回国連宇宙平和利用会議（UNISPACE1: United Nations Conference on
Exploration and Peaceful Uses of Outer Space1）の時点で、宇宙からの地球観
測・地球リモートセンシングについての合意が醸成され、翌年にはリモー
トセンシングに関する法制度の構築が宇宙空間平和利用委員会（COPUOS）
の議題となっていた。そして1986年には、国連総会決議で、国連リモー
トセンシング原則が採択された。

　国内でも、このように国際的に認識された衛星リモートセンシングに関
する国防・安全保障上の規制の必要性と、一方で、事業者が遵守すべきルー
ルを明確化することによる事業者への予見可能性の付与を目的として、
衛星リモートセンシングに関する法規制の必要性が認識されるようになり、
「衛星リモートセンシング記録の適正な取扱いの確保に関する法律」（平成
28年法律77号。以下「衛星リモセン法」、または本節において単に「法」という）が、
制定されるに至った。[*2]

2.　国連リモートセンシング原則

　上記の通り、1986年の国連総会決議で、衛星リモートセンシングに関
する共通利益原則や国際協調を含む複数の原則（以下、「国連リモートセンシ
ング原則」という）が定められた。

　国連リモートセンシング原則では、被撮影国が事前の同意または事前の
通報を受ける権利は認められておらず、リモートセンシング実施国の撮影

＊2　なお、米国の輸出管理規制上、衛星リモートセンシングに関する安全保障を定める
　　　国内法が存在しないと、国内で米国製の衛星部品を調達できないことからも、衛星リ
　　　モセン法の立法の必要性があった。

の自由が謳われている（同第 4 原則等）。国連リモートセンシング原則は、人工衛星から取得したデータを、一次データ（primary data）・処理データ（processed data）・解析済みの情報（analysed information）という 3 つの階層に分け、被撮影国のアクセス権について定めている（同第 12 原則）。かかるアクセス権は無制限で認められるものではなく、まず一次データと処理データについては、「無差別かつ合理的な費用（on a non-discriminatory basis and on reasonable cost terms）」が支払われていることが条件となっており、解析済みの情報については、より厳格に、①その画像を取得したリモートセンシング活動に参加した国が保有するものであり、②利用可能な（available）ものであるときに、③無差別かつ合理的な費用条件でアクセスすることができるにすぎない。この「国が保有する」という条件については、解析をした民間事業者に知的財産法上の保護やその他法律上の排他的権利が付与される場合には、当該解析済みの情報は当該民間事業者に帰属するため国が保有するとはいえず、かかる条件は満たさないのではないかと考えられる。もっとも、国連リモートセンシング原則は、特にこの第 12 原則をめぐって、国際慣習法としての拘束力を有するかどうかについて議論があるところである。

3. 衛星リモセン法

◆（1）総論　　衛星リモセン法は、大きく分類して、以下のような内容を定めている。データの取得、提供および取扱いの段階ごとに規制を設けているといえる。

　①衛星リモートセンシング装置の使用に係る内閣総理大臣の許可（法 2 章）

　②衛星リモートセンシング記録の提供の制限（法 3 章）

＊3　一次データは、衛星から取得されたままの 0 と 1 の文字列からなるバイナリデータ（いわゆる生データ（raw data））を意味し、処理データは一次データを利用可能にするための処理を施したデータであり、解析された情報は、処理データをさらに加工しまたは他の情報を入力して得られた生産物をいう。
＊4　この利用可能性の要件が意味するところは必ずしも明確ではない。

③衛星リモートセンシング記録を取り扱う者の認定（法4章）

④内閣総理大臣による監督（法第5章）

衛星リモセン法は、人工衛星の運用を規律するのではなく、専ら、人工衛星から取得した衛星リモートセンシング記録の流通と取扱いを規律するものである。したがって、衛星リモートセンシング記録を用いたビジネスを行うために日本国内からリモートセンシング装置を搭載した人工衛星を打ち上げようとする場合には、衛星リモセン法への対応とは別に、人工衛星の打上げ・運用部分に関して宇宙活動法（第1章第2節、第2章第1節・第2節参照）への対応が必要となる点に留意が必要である。

◆(2) 衛星リモートセンシング装置の使用に係る内閣総理大臣の許可

(i) 定義　　衛星リモセン法の建付けを理解するにあたっては、まず「衛星リモートセンシング装置」の定義を理解する必要がある（法2条2号）。衛星リモートセンシング装置の定義は極めて長いが、要素としては、①地球周回人工衛星に搭載された装置であって、②電磁波を用いて地表もしくは水面（これらに近接する地中または水中を含む）を観測する装置のうち、③車両、船舶、航空機その他の移動施設の移動を把握するに足りるものとして内閣府令で定める値以上の対象物判別精度を有するものを意味する。

上記①の「地球周回人工衛星」は地球を回る軌道に投入して使用する人工衛星のことを意味し、さらに「人工衛星」とは地球を回る軌道もしくはその外に投入し、または地球以外の天体上に配置して使用する人工の物体のことを意味する。したがって、定義上、人工衛星は無人か有人かを問わない。

また、上記②から、宇宙空間や天体を観測するリモートセンシング装置は、本号の「衛星リモートセンシング装置」には該当しないものと整理されている。上記のとおり、衛星リモセン法は国防・安全保障上の要請を目的としたものであるからである。

そして、衛星リモセン法の建付けを理解する上で極めて重要な概念が、上記③の「対象物判別精度」である。これは、衛星リモセン装置を適切な条件の下で作動させた場合に地上において受信した当該電磁的記録を電子

計算機の映像面上において視覚により認識することができる状態にしたときに判別できる物の精度のことを意味する（法2条2号）。空間分解能という言葉で表現されることもある[*5]。この対象物判別精度（分解能）はm（メートル）で表されることが多く、たとえば、対象物判別精度が5mということは、簡単に言えば5m以上の大きさの物の見分けがつくという意味である。なお、2021年7月現在で最高の対象物判別精度を有する人工衛星はWorldView-4であり、同衛星の対象物判別精度は0.3mである。この程度の対象物判別精度となると、対象物が人かどうかの判断もつくようになる。

　衛星リモセン法は、上記の通り国防・安全保障上の目的で立法されているため、国防・安全保障上の観点から規制を設ける必要性がある程度の対象物判別精度をもつ衛星リモートセンシング装置のみを対象にしている。そして、衛星リモセン法は、規制対象か否かを決する対象物判別精度の閾値につき、内閣府令に委任をしている（法2条2号、6号）。これは、衛星リモートセンシング装置の発達や衛星データを利用したビジネスの進歩に即して柔軟に規制基準をアップデートできるようにするためである。現在の内閣府令によれば、基準は以下のように定められている（法施行規則2条）。

センサーの種類	閾値
光学センサー	2m以下
合成開口レーダー（SAR）センサー	3m以下
ハイパースペクトルセンサー	10m以下で、かつ、検出できる波長帯が49を超えるものであること
熱赤外センサー	5m以下

　特徴はセンサーごとに閾値が定められている点であり、事業者は衛星リ

---

*5　なお、空間分解能とは異なる概念として「時間的分解能」という概念も存在する。これは、同一地点を観測する頻度を示す概念である。衛星リモセン法は、専ら空間的分解能に着目した規制をしており、時間的分解能に関する規制基準を設けていないが、実際には、同一地点を観測する頻度によって取得できる情報量は格段に変わることになる（たとえば、1時間ごとにある家の車庫を観測することができれば、その家の居住者が外出しているかどうかといった情報まで判別できてしまう）。

モセン法の規制に服するかという観点から衛星に搭載するセンサーについて、どの程度の対象物判別精度を有するどの種類のセンサーを使用するかという点を検討することが必要になろう。各センサーで閾値が異なるのは、センサーごとに取得できる情報に差異があるためであり、たとえば、光学センサーはハイパースペクトルセンサー以外の紫外、可視光、近赤外または中間赤外領域の電磁波を検出するセンサーをいうとされている（法施行規則1条1号）が、要するに太陽光の反射を測るセンサーであり、カメラと類似しているので、曇ってしまうと観測ができないという特徴がある。合成開口レーダー（SAR）センサーは、電波を発射し地上からの反射を観測するものである[*6]。電波であるため、雲や夜間の影響を受けずに観測することが可能であるという特徴を有する。ハイパースペクトルセンサーは、紫外、可視光、近赤外および中間赤外領域で49以上の波長帯の電磁波を検出するセンサーである（法施行規則1条3号）。熱赤外センサーは、物体が温度に応じて発する熱赤外領域の電磁波を検出するセンサーであり（法施行規則1条4号）、解像度が低い反面、観測範囲が広く、人に関連する温度領域の観測が可能という特徴がある。

　(ii) 許可等　　①許可が必要となる者　　法4条は、国内に所在する操作用無線設備を用いて衛星リモートセンシング装置の使用を行おうとする者は、衛星リモートセンシング装置ごとに、内閣総理大臣の許可を受けなければならないと規定している。本条の違反は3年以下の懲役もしくは100万円以下の罰金に処され、またはこれを併科される（法33条1号）。ポイントは、「国内に所在する操作用無線設備を用い」た場合に限定されている点、「衛星リモートセンシング装置の使用を行おうとする者」が許可

---

*6　正確には、電波領域の電磁波を検出するセンサーのうち、電波を観測対象に照射し、散乱された電波を受信した後にレンジ圧縮処理（受信信号と送信信号から得られる参照信号とで相関処理を行うことにより、レンジ方向（電磁波の照射方向をいう）の対象物判別精度を向上させる処理）およびアジマス圧縮処理（受信信号に合成開口処理（地球周回人工衛星の飛行に伴う受信信号のドップラー効果の利用により大開口センサーと同様の対象物判別精度を得る処理）を行うことで、アジマス方向（地球周回人工衛星の進行方向をいう）の対象物判別精度を向上させる処理）を施して画像を得るものをいう（法施行規則1条2号）。

を得る必要がある点、許可は「衛星リモートセンシング装置ごとに」得る必要があるという点である。

　まず、国外にのみ所在する無線施設の使用を行う場合には、法は域外適用されず、許可制の対象とはならない。また、「衛星リモートセンシング装置の使用を行おうとする者」とは、いかなる場所のいかなる時点の検出情報電磁的記録を作成するかおよびいかなる時点で当該記録を地上に送信するかを決定する権限を有する者を指すと解されており、[*7] 衛星リモートセンシング装置使用者の許諾の下で受信しているにすぎない地上の受信設備の使用者は許可を得る必要がない。ただし、受信設備を使用する者は、後述の「衛星リモートセンシング記録を取り扱う者の認定」を受ける必要がある。さらに、人工衛星自体の管理者はここでの「衛星リモートセンシング装置の使用を行おうとする者」に該当しないため、やはり衛星リモセン法上の許可を得る必要はない。

　許可の申請は、法人その他の団体に限られず、個人であっても行うことができる。

　②許可の申請手続　　許可の申請は法４条２項各号の定める事項を記載した申請書（巻末資料３参照）に、内閣府令で定める書類（法施行規則４条２項）を添付して内閣府に提出する方法で行う必要がある。添付書類は、大別して、①本人確認書類等の申請者に係る書類、②衛星リモートセンシング装置の種類、構造および性能が記載された書類、③操作用無線設備に関する書類、④受信設備に関する書類、⑤安全管理措置（法施行規則７条参照）に関する書類および⑥その他内閣総理大臣が必要と認める書類である。なお、申請書には当該衛星リモートセンシング装置が搭載された地球周回人工衛星の軌道を記載する必要があり（法４条２項３号）、人工衛星の軌道が申請した軌道を外れた場合には、当該衛星リモートセンシング装置の機能を停止しなければならない（法９条）。したがって、当該衛星リモートセンシング装置の使用者と搭載する人工衛星の管理者が異なる場合には、あ

---

*7　宇賀克也『逐条解説　宇宙二法』（弘文堂、2019 年）246 頁。

らかじめ軌道を外れてしまった場合のリスク負担の所在について、留意が必要である。すなわち、現行の一般的な衛星打上げ契約では、ロケットの点火時に打上げ事業者の債務の履行が完了したものと整理されるため、この建付けの下では、打上げ後、結果的に当初想定していた軌道にのらずに衛星リモートセンシング装置の使用ができなかった場合でも、打上げ事業者に責任は生じないこととなる。

　③許可の基準　法6条は許可基準を定めており、①国際社会の平和の確保等に支障を及ぼすおそれがないものとして内閣府令で定める基準に適合していること、②衛星リモートセンシング記録の漏えい、滅失または毀損の防止等の内閣府令で定める安全管理のために必要かつ適切な措置が講じられていること、③申請者が、申請者以外の者の当該衛星リモートセンシング装置の使用を防止するための措置および安全管理措置（②）を適確に実施するに足りる能力を有すること、および④その他当該衛星リモートセンシング装置の使用が国際社会の平和の確保等に支障を及ぼすおそれがないこと、の要件を満たす必要がある。

　④許可の承継　法13条は、許可を受けた衛星リモートセンシング装置の使用に係る事業の譲渡がなされた場合の「衛星リモートセンシング装置使用者」の地位の承継について規定する。ここでいう「事業の譲渡」は、会社法上の「事業の譲渡」と同じ意味であると解されており、そうであるとすれば、「一定の営業の目的のため組織化され、有機的一体として機能する財産の全部又は重要なる一部を譲渡し、これによって、譲渡会社がその財産によって営んでいた営業的活動の全部又は重要な一部を譲受人に受け継がせ、譲渡会社がその譲渡の限度に応じ法律上当然に競業避止業務を負う結果を伴う」[8]を意味することになる。そして、かかる事業の譲渡を行う譲渡人およびその譲受人が、当該譲渡および譲受けについて、あらかじめ内閣総理大臣の認可を得た場合には、譲受人は衛星リモートセンシング装置使用者の法に基づく地位を承継することができる（法13条1項）。

---

*8　最判昭和40・9・22民集19巻6号1600頁。

また、同条は合併の場合（同条3項）、会社分割の場合（同条4項）においても、同様に、事前に内閣総理大臣の認可を得ることによって、法に基づく地位を承継することができるとしている。

◆**(3) 衛星リモートセンシング記録の提供の制限**　　**(i) 定義**　　法3章は「衛星リモートセンシング記録保有者」の衛星リモートセンシング記録の他者への提供を制限する。「衛星リモートセンシング記録保有者」とは、「衛星リモートセンシング記録を保有する者（特定取扱機関を除く。）」を意味する（法2条8号）。特定取扱機関は、一定の国または地方公共団体の機関ならびにアメリカ合衆国、カナダ、ドイツおよびフランスの政府機関をいう[*9]（法2条7号、法施行令2条）。「衛星リモートセンシング記録」に該当するか否かについては、補正処理等を施していない「生データ」と補正処理を施し、かつ、メタデータを付した「標準データ」に区分され、それぞれのデータと使用するセンサーごとに以下の基準が設けられている（法2条6号および法施行規則3条1項）。衛星リモートセンシング装置から受信したてのデータが、規制対象となる「衛星リモートセンシング記録」に該当するわけではないという点に留意が必要である。

センサーの区分	生データの基準	標準データの基準
光学センサー	対象物判別精度が2m以下かつ記録されてから5年以内のもの	対象物判別精度が25cm未満のもの
合成開口レーダー（SAR）センサー	対象物判別精度が3m以下かつ記録されてから5年以内のもの	対象物判別精度が24cm未満のもの
ハイパースペクトルセンサー	対象物判別精度が10m以下かつ検出できる波長帯が49を超え、かつ記録されてから5年以内のもの	対象物判別精度が5m以下かつ検出できる波長帯が49を超えるもの
熱赤外センサー	対象物判別精度が5m以下かつ記録されてから5年以内のもの	対象物判別精度が5m以下のもの

　(ii) 提供の制限　　衛星リモートセンシング記録は、原則として、許可を受けた衛星リモートセンシング装置の使用者、特定取扱機関または認定を受けた衛星リモートセンシング記録取扱者の間のみで流通させることができる（法18条）。したがって、これらに該当しない者が衛星リモートセ

---

*9　衛星リモセン法のような衛星リモートセンシングに関する国内法をもつ国である。

ンシング記録の提供を受けるためには、下記（4）の衛星リモートセンシング記録取扱者としての認定を受ける必要がある。

　衛星リモートセンシング記録保有者は、衛星リモートセンシング記録の漏えい、滅失または毀損の防止等に関する安全管理措置を講じなければならない（法20条、法施行規則7条）。

　また、内閣総理大臣は、通常は許される相手方に対する衛星リモートセンシング記録の提供や、原則として流通規制の対象とはならないデータであっても、対象となるデータの範囲および期間を定めて提供の禁止を命ずることができる（法19条、法施行規則3条2項）。これは、米国で行われている、自国に不利となるおそれがある場合に特定地域の画像データ等の販売を大統領令により任意のタイミングで規制するいわゆるシャッターコントロール（shutter control）を国内において可能にするものである。

◆(4) 衛星リモートセンシング記録を取り扱う者の認定　　上記のとおり、衛星リモートセンシング記録の提供を受けるためには、自身が衛星リモートセンシング装置の使用者または特定取扱機関に該当する場合でない限り、衛星リモートセンシング記録の取扱者として、内閣総理大臣の認定を受ける必要がある（法21条）。認定の申請は内閣府に対して行われる。[*10]認定に際しては、対象物判別精度や加工による変更の程度等を加味して、内閣府令で定める区分に応じた認定を受けなければならない。換言すると、いったん衛星リモートセンシング記録の取扱者として認定を受ければあらゆる衛星リモートセンシング記録の提供を受けることができるようになるわけではなく、当該提供を受けようとする衛星リモートセンシング記録の区分ごとに個別に認定を受けなければならない。なお、ここでいう「衛星リモートセンシング記録」は、国内に所在する操作用無線設備を用いた衛星リモートセンシング装置の使用により地上に送信された検出情報電磁的記録および当該検出情報電磁的記録に加工を行った電磁的記録であることが前提になっているので、国外のみに所在する操作用無線設備を用いた衛星リ

---

*10　認定に関する書式については**巻末資料4**参照。

モートセンシング装置の使用により地上に送信された検出情報電磁的記録および当該検出情報電磁的記録に加工を行った電磁的記録を取り扱うことについては、法の認定制度の対象外である。

　認定を受けた衛星リモートセンシング記録取扱者は、衛星リモートセンシング記録の提供の日時と相手方および加工や消去の状況等について記録し、保存する義務を負う（法23条、法施行規則30条）。また、衛星リモートセンシング記録取扱者の認定を受けた者が、衛星リモートセンシング記録の提供を受け、保有者となった場合の安全管理措置を講じる義務については上記のとおりである（法26条、法施行規則7条）。

◆(5) 内閣総理大臣による監督　　内閣総理大臣は、法の目的を達成するために、必要な限度において立入検査（法27条）、指導、助言および勧告（法28条）および是正命令（法29条）といった権限を行使し、監督を行うことができる。

4. 衛星リモートセンシングビジネスに関する契約法務

◆(1) 衛星リモートセンシングデータの提供の法的形式　　上記の通り、衛星リモートセンシングビジネスにおいては、一般に、取得した一次データを解析、処理し、さらにはその他の情報と統合をすること等によって、付加価値の付いたデータを顧客に提供することになる。

図表2-3-1　衛星リモートセンシングデータの解析過程（例）

　このような衛星リモートセンシングデータの販売は、一般的には、データの販売契約という形ではなく、当該データの使用許諾契約（ライセンス契約）という形で行われることが多い。[11] かかる使用許諾契約を作成するに際

---

*11　この点、データの取得を役務内容とする役務提供契約と建て付けるものもある。この場合、データに関する権利は専ら委託者が有するような取り決めがなされることもあるが、受託者（データ取得者）にも権利が留保された上で委託者に利用許諾を行うだけの場合もあり、後者の場合は実質的には使用許諾契約であるといえる。

人工衛星運用事業者

販売・解析業者

ライセンス契約

センサー
搭載契約

販売権付与・解析委託契約

センサー運用事業者

使用許諾（ライセンス）契約

エンドユーザー

図表 2-3-2　衛星リモートセンシングデータに関する取引当事者（例）

しては、ノウハウに関するライセンス契約に一般的に盛り込まれる条項群が参考になる。[*12]

◆(2) 取引の当事者　　衛星リモートセンシングデータの使用許諾を行う事業者は、衛星を所有し、運用する企業に限られない。人工衛星自体は第三者が所有しているものの衛星に搭載されたセンサーだけを所有する事業者がデータの使用許諾者となることもある。また、センサーの運用事業者が、取得した一次データを直接エンドユーザに提供することもあれば、販売・解析業者に当該データの販売・解析を委託し、当該事業者が必要な解析を施したうえで、処理データまたは解析済みの情報をエンドユーザに提供するということもある。

◆(3) 契約上の主要論点　　(i) 取引対象となる衛星リモートセンシングデータの特定とエラーの場合のリスク分担　　衛星リモートセンシングデータの使用許諾契約においては、まず、どのようなデータを使用許諾の対象とするのかを明らかにする必要がある。ここでは、データが一次データなのか、処理データまたは解析済みデータなのかを特定することが重要である。その上で、提供の対象となる衛星リモートセンシングデータが一次データであった場合、そもそもデータの取得ができなかった場合のリスク負担が契約における主要論点になる。他方、提供されるデータが処理データや解析済みの情報であった場合は、一次データの取得段階におけるリスク負担に加え

*12　たとえば、経済産業省が発表している「AI・データの利用に関する契約ガイドライン」に含まれる、データ提供型の契約に関する条項案が参考になる。

て、処理の過程、解析の過程のそれぞれにおいてエラー等が生じた場合に関するリスク負担を契約上どのように規定するかが問題となる。たとえば、緑地に関する情報を人工衛星を用いて取得し、加工して処理データを作成した上で、当該処理データに行政上の土地の利用区分データと掛け合わせて、土地の利用状況と緑地に関する相関関係を解析済みデータとして出力し相手方に提供するケースにおいて、一次データを処理データに加工する段階のエラーや、処理データに入力する行政上の土地の利用区分データのエラーによって解析済みデータに瑕疵が生じてしまうことがある。一次データから解析済みデータに至る各過程には、複数の当事者（たとえば、一次データを処理データに加工する事業者や、行政上の土地の利用区分データ等の処理データに付加する情報の提供者）が介在している可能性もあり、このようにデータの加工過程でエラー等が生じた場合に誰がリスク・責任を負担するかを契約上明らかにしておく必要がある。

　また、取引対象となるデータの特定に加え、データの品質についても、解像度や特定の用途に耐えられるかといった形で可能な限り詳細に合意し、契約書に定めておくことが事後の紛争防止の観点から望ましい。

　(ii) **不可抗力に関する規定**　　衛星リモートセンシングデータに関する取引においては、人工衛星やセンサーの故障によってデータの提供ができなくなった場合に関して、誰がどのようなリスクを負うかという点が交渉上重要な論点となる。というのも、宇宙空間における運用は、地上での機器の運用に比して想定しないトラブルが発生するリスクが高く、加えて、人工衛星やセンサーが故障した場合にその原因を調査することが容易ではなく、責任の所在を特定することが難しいためである。したがって、契約交渉段階で契約当事者がその責任から免除される「不可抗力」の範囲が重要なポイントになる。

　この点につき、以下のサンプル条項のように想定される不可抗力の範囲を細かく規定することも考えられるが、そもそも契約上の義務を履行できない原因が不可抗力事由として列挙した事由によるのか否かの判断が困難であることも多い。そのため、データの提供者側としては、一定の調査を

行ったものの原因が判然としない場合には不可抗力とみなすといった規定を置くことが有利となり、逆にデータの受領者側としては、不可抗力に該当するためにはデータの提供者側が不可抗力事由の存在を少なくとも疎明することが必要であるという規定を置くことが有利となる。

〈サンプル条項〉

不可抗力の範囲

	障害の内容	原因を不可抗力とする範囲
1	・システム障害 ・衛星通信障害 ・地上伝送設備障害 【現象例】 ・画像生成不能 ・データ配送遅延 ・データ欠損・破壊 ・運用情報入手不能	・自然災害によるもの 　台風、地震、津波、天候、天文的要因（太陽風・流星群等）等 ・人災によるもの 　テロ、戦争、労働争議等 ・政府要求によるもの ・他のシステムとの競合によるもの 　他の衛星、地上アンテナ設備との電波干渉、遮蔽物（地上の障害物等） ・インフラ障害によるもの 　電力、公衆通信網、空調等
2	・画像データ品質不良 【現象例】 ・画像欠損 ・色にじみ ・縞模様等の発言 ・乱反射等による色調不在	下記のような例に起因して●社の品質基準を満たさないと判定される画像データ ・撮影時の撮影領域と大要方位の関係等撮影環境の選定によるもの ・撮影時の撮影領域内の輝度の偏り等、撮影範囲の特性によるもの ・台風、地震、津波、天候、天文的要因（太陽風・流星群等）等の自然災害によるもの

(iii) データの漏えい・無断提供への手当　衛星リモートセンシングデータは無体物であるから、民法上それ自体は所有権の対象にはならない。したがって、提供した衛星リモートセンシングデータが、無断で第三者に提供されたり、漏えいしたりしても、当該衛星リモートセンシングデータの権利者が、データの受領者に対して所有権に基づく削除や返還を求めることはできない。そこで、衛星リモートセンシングデータに何らかの形で法的な保護を与えるべく、その手段として衛星リモートセンシングデータを知

的財産として保護できないかが議論されている。

　この点、第1に、衛星リモートセンシングデータに著作権が成立するかについては、著作物としての保護を受けるためには「思想又は感情を創作的に表現したもの」であること（創作性）が必要であるところ、衛星リモートセンシングデータは、一次データの場合は人工衛星に搭載したセンサーを用いて機械的に取得したデータであって、「思想又は感情を創作的に表現したもの」とは言い難い。他方、衛星リモートセンシングデータのうち、処理データや解析済みの情報については、当該加工や解析過程に創作性を認めることができれば、著作権の保護対象になり得るといえる。ただし、衛星リモートセンシングデータの加工や解析は、一般的には機械的に情報の視覚化や数値化をするものであり、当然には創作性があるとは言い難く、著作権の保護の対象となる場合は限られよう。また、この場合、著作権者は一次データの取得者ではなく、当該加工や解析を行った解析事業者となることに留意が必要である。

　第2に、衛星リモートセンシングデータの解析技術に特許権が認められないかについては、一次データから特定の処理データや解析済みの情報を抽出する技術方法は数多く存在するところであり、解析技術自体を発明として保護したとしても、肝心の衛星リモートセンシングデータに排他的権利を認めるという目的には必ずしも資さないように思われる。

　このように、衛星リモートセンシングデータについて、知的財産として保護することは一般的には難しい。

　そこで、実務上の方策としては、契約書上における債権的合意として衛星リモートセンシングデータを保護することが重要になる。具体的には、無断の複製や流通がなされないようにするための情報の管理体制に関する合意や、万が一漏洩や無断提供がなされた場合にとる措置や経済的補償についての事前の合意を契約書上に定めておくことが重要となる。

　(iv) 第三者提供の可否　　衛星リモートセンシングデータの被提供者が、提供された衛星リモートセンシングデータを解析・加工したデータを第三者に提供することを認めるかという点は、しばしば契約交渉上の重要な論

点となる。特に一次データを提供する契約である場合は、相手方である被提供者は当該一次データを解析し、処理データや解析済みの情報を第三者に提供することで経済的利益を得ることを想定していることが通常であると思われる。このような場合には、処理データや解析済みの情報の第三者への提供を認めた上で、当該第三者への提供によって被提供者である当事者が得る経済的利益に比例して、一定の利用許諾料を加算する等の条件を定めることが考えられる。また、第三者への提供を可能とするデータの範囲を特定する条項や、処理データや解析済みの情報の提供を受けた第三者がリバースエンジニアリングの技術を用いて一次データを復元することを禁止することを求める義務を定める必要があろう。

(v) **被撮影者の権利との関係**　衛星リモートセンシング技術の発達、とりわけセンサーの分解能の向上によって、取得できる情報の精度が上がったことは、地上で生活する個人の権利も脅かしつつある。たとえば、衛星リモートセンシングデータに個人が識別できる程度の画像が含まれており、その行動が記録されているような場合には、プライバシー権や肖像権の侵害が認められる可能性がある。[*13]

　また、衛星リモートセンシングデータに個人情報保護法上の個人情報が含まれる場合も考えられる。この場合、個人情報の取得においてはあらかじめ利用目的を公表または通知する必要があるほか（同法 18 条 1 項）、第三者に個人データを提供する場合には原則として当該個人の同意が必要となる（同法 23 条 1 項柱書）。国外のサーバーと国内のサーバーとの間で個人情報を含む衛星リモートセンシングデータをやりとりする場合には、個人情報の越境移転の問題も生じる。しかし、衛星リモートセンシングデータを用いたビジネスを行う上で、被撮影者となる特定個人全員に利用目的を示したり、情報の流通に関してあらかじめ同意を取得したりすることは実際には困難であろう。したがって、事業者としては、当面の間は、被撮影者

---

*13　その場合、当該個人から損害賠償請求をされる可能性があることに加え、差止請求権の行使により、衛星リモートセンシングによるデータの取得自体が制限される可能性もある。

の権利に配慮した運用を個別に検討することが期待される。具体的には、個人を特定できる情報のマスキング処理や、解析済みの情報の生成過程で、個人を特定するに足りる他の情報と結合をさせないといった工夫が考えられる。[*14]

そして、衛星リモートセンシングデータの使用許諾契約においても、データの被提供者の観点からは、データの提供者に、個人情報、プライバシー、肖像権などの個人の権利の侵害がないように十分な措置をとっていることを表明保証させたり、万が一被撮影者から法的請求を受けた場合にデータの提供者が対応する義務やその補償義務を定めておくことが望ましい。

---

*14　この点、航空業界において、航空写真についての業界の自主ルールとして、財団法人日本測量技術調査協会「個人情報保護及び国家安全保障等に配慮した高解像度航空写真の公開について（注意喚起）」（2007年）が、他の情報と航空写真の分離、解像度の調整、モザイク処理等を求めていることが参考になろう。

第4節 軌道上サービス

1. 軌道上サービスとは

◆（1）軌道上サービス市場の拡大と制度整備の現状 　軌道上サービス（In-orbit satellite services）とは、人工衛星（サービス衛星）により、地球を周回する軌道上で、他の人工衛星等（対象物体）に対して行う燃料補給、延命措置、デブリ除去などのサービスを総称していう。米国の調査会社によると、軌道上サービスは2029年までに累計31億ドル市場に成長することが見込まれており、その内訳は、延命サービス（Life-extension）が10％、再配置（Relocation）が14％、軌道離脱（De-orbiting）が61％、救出（Salvage）が1％、ロボティクス（Robotics）が14％となっている。[*1]

サービスの種類	内容・計画／取組み例
延命サービス （Life Extension）	燃料切れの衛星に対する燃料の充填等を行うサービス Orbit Fab 社（米国）が進める軌道上ガソリンスタンド計画や Space Systems Loral 社（米国）が参加する NASA の Satellite Servicing Projects Division（低軌道を周回する衛星に給油をするというプロジェクト）がある。
再配置 （Relocation）	人工衛星の周回軌道の移動をサポートするサービス
軌道離脱 （Deorbiting）・デブリ除去	用済みとなりスペースデブリとなった衛星を移動させ、他の衛星がその軌道を使えるようにするサービス アストロスケールや川崎重工がデブリ除去サービスの提供実施に向けて取組みを行っている。
救出 （Salvage）	ロケットの打上げ失敗により計画していた軌道から外れてしまった衛星や、推進系が壊れて動けなくなった衛星を、計画していた軌道にレッカー車のように移動させるサービス
ロボティクス （Robotics）	軌道上での衛星に対する検査、修理、アップグレード作業等を行うサービス Northrop Grumman 社による、静止軌道上にある衛星に対して、推進（軌道維持・軌道変更）と姿勢変更を行うサービスがある。

図表 2-4-1　軌道上サービスの種類

　わが国においても、スペースデブリ対策に取り組む企業としてアストロスケールなどが現れている。

　また、2020年6月30日に閣議決定した宇宙基本計画[*2]において、スペー

＊1　In-Orbit Servicing & Space Situational Awareness Markets, 3rd Edition（Northern Sky Research, LLC, 2020）.

＊2　https://www8.cao.go.jp/space/plan/kaitei_fy02/fy02.pdf.

スデブリの除去や故障した衛星の修理といった軌道上サービスの検討が進んでいるという認識を前提に、スペースデブリ除去衛星を含めデブリの観測およびデブリ除去技術を着実に獲得するとともに、軌道投入ロケット由来のデブリの低減、軌道上サービス等による衛星自身のデブリ化の抑制等のための技術開発の他、宇宙環境のモニタリングや、その応用による衛星やデブリの軌道に影響を与える可能性がある大気密度変化のシミュレーションモデル等の研究など、新たなデブリ等を発生させないための取組みについて、既存のガイドライン等の着実な実施も含め、大学や民間事業者と連携しつつ行うことが明記された。

　他方で、軌道上サービスにかかる制度の整備はまだ十分準備ができているとはいえない状況にある。上記宇宙基本計画では、主な取組みとして、「民間事業者による月面を含めた宇宙空間の資源探査・開発や軌道上での活動、宇宙交通管理（STM）をめぐる国際的な議論の動向等を踏まえ、関係府省による検討体制を早期に構築し、必要な制度整備を検討し、必要な措置を講じる」ものとされており、軌道上サービスに関連する制度設計は今後進展することが期待されるところである。

　なお、JAXA では宇宙機（人工衛星・探査機）やロケットの開発において用いる技術標準を公開しているが、2019 年 12 月に「軌道上サービスミッションに係る安全基準」[*3]を公表した。この安全基準は、軌道上サービスを「サービス衛星が対象物体に対し、補給、機能付加や廃棄支援等のために意図的に干渉する行為」、サービス衛星を「軌道上に既に存在している動作中の衛星へ補給、機能付加・交換、廃棄支援等のサービスや、機能を停止した衛星やスペースデブリを軌道から移動させ除去するサービス等を提供する衛星。宇宙ステーションへの補給船も含む。」とそれぞれ定義した上で、サービス衛星がクライアント衛星・対象物体であるデブリとの接近、接触、結合を行うに際して、他の人工衛星の管理に悪影響を及ぼす事象（典型的には、サービス衛星と対象物体の衝突によるスペースデブリの発生等）を引

---

*3　https://sma.jaxa.jp/TechDoc/Docs/JAXA-JERG-2-026.pdf

き起こすことを防止するための安全基準を定めている。

　このように、軌道上サービス分野は、市場の拡大が期待されるが、制度整備にはまだ多くの課題が残されている。本章では、軌道上サービス分野における近年の取組みと法的問題について整理する。

◆（2）軌道上サービスの具体例　　軌道上サービスについては、現在以下のような開発・事業化が進められている。

　このうち、日本における主な取組みは、上記の通りデブリ除去サービスである。欧州宇宙機関（ESA）によると、人工衛星に壊滅的な被害を与える 10 cm より大きなデブリは約 3 万 6500 個、ミッション終了につながる 1 cm より大きなデブリ（10 cm 以下）は約 100 万個、人工衛星の故障を引き起こす 1 mm より大きなデブリ（1 cm 以下）は約 3 億 3300 万個存在すると推計されている[4]。日本政府は、宇宙空間の安全保障上の重要性が増大する一方で、スペースデブリの増加のリスクが深刻化しており、宇宙空間の安定的利用を確保していくことが喫緊の課題として、スペースデブリの脅威・リスクに対処するための取組みを進めており[5]、宇宙基本計画においてもスペースデブリの除去等の軌道上サービスの位置づけが明確化されている。上記の例では、アストロスケールが今後デブリ除去衛星実証機「ELSA-d」の打上げを計画しており、川崎重工がデブリ除去に関する接近・捕獲技術に係る超小型技術試験衛星を開発中である。両社は、今後、デブリ除去衛星セットメーカーとしての関連技術の確立を企図している。

2. 軌道上サービスに関する法的論点

◆（1）軌道上サービスの提供に必要となる許認可　　宇宙活動法上、軌道上サービスを提供するサービス衛星も「人工衛星」の定義に含まれる。そのため、日本国内に所在する打上げ施設等を利用してサービス衛星を打上げる場合には、人工衛星等の打上げに係る許可を受ける必要があり（宇宙活

＊4　https://www.esa.int/Safety_Security/Space_Debris/Space_debris_by_the_numbers

＊5　第 1 回スペースデブリに関する関係府省等タスクフォース資料「スペースデブリの現状と宇宙空間の安定的利用に関する JAXA の取り組みについて」（2019 年）（https://www8.cao.go.jp/space/taskforce/debris/dai1/siryou2.pdf）。

動法 4 条 1 項）、また、日本国内に所在する人工衛星管理設備からサービス衛星の管制を行って軌道上サービスを提供する場合には、人工衛星の管理に係る許可を受ける必要がある（同法 20 条 1 項）。

　これらの許可の基準の 1 つとして、適切なスペースデブリの発生を抑止する仕組みが講じられていることが要求されている[*6]。また、人工衛星の管理に係る許可に関する審査基準を定めた「人工衛星の管理に係る許可に関するガイドライン」（2017 年 11 月制定、2019 年 9 月 14 日改訂第 2 版）において、「他の人工衛星等へのドッキングやデブリ捕獲を実施する場合は、結合や捕獲時の衝撃により破片等が発生しないような措置を講じた構造であることを示す」ことが求められている。

　さらに、2021 年 7 月には、軌道上サービスを提供するサービス衛星について、宇宙活動法上の許可に係る審査基準の解釈および運用の指針を示すことを試みるものとして、「軌道上サービスを実施する人工衛星の管理に係る許可に関するガイドライン（案）[*7]」（「軌道上サービスガイドライン案」）が、内閣府宇宙開発戦略推進事務局から発表された。軌道上サービスガイドライン案については、2021 年 7 月 19 日から同年 9 月 3 日までの間に日本国内に所在する人工衛星管理設備を用いてサービス衛星の管理を行おうとする者、日本のサービス衛星による軌道上サービスを受けようとする者および人工衛星等の軌道制御のために日本のサービス衛星との干渉の可能性に関する情報を必要とする者を対象に意見聴取が行われた。聴取された意見は、サブワーキンググループによってとりまとめられた後、2021 年末を目処に正式なガイドラインとして制定され、審査実務のプロセスに組み込まれることが予定されている。

　軌道上サービスガイドライン案は、①サービスを正当業務行為として行うための目的および方法に関する要求、②サービス提供を安全に行うための構造および管理計画に関する要求、③サービス衛星の管理を実行する運

＊6　打上げに係る許可について宇宙活動法 6 条 1 号、宇宙活動法施行規則 7 条 6 号・7 号、人工衛星の管理に係る許可について法 22 条 2 号・4 号、宇宙活動法施行規則 22 条 3 号、24 条。
＊7　https://www8.cao.go.jp/space/public_comment/oos_gl/honbun.pdf

用体制の構築という3つの観点から策定されており、サービス衛星または
これを用いた軌道上サービスが充たすべきルールを示すとともに、「人工
衛星等の打上げ及び人工衛星の管理に関する法律に基づく審査基準・標準
処理期間」において定められた人工衛星の管理に係る許可に関する審査基
準が適用される場合における解釈および運用の指針を特に敷衍して明らか
にするとともに、これに適合するための考え方や具体的手段の一例を示す
ことを目的に策定されている。

　たとえば、上記①の観点から、事業者は、軌道上サービスを行うことに
ついて、対象物体の所有者等対象物体に対し権原を有する者からの委託ま
たは同意を得ていることが要求され、事業者が提示すべき具体的事項とし
て、対象物体の公的な登録情報、事業者とサービス受領者の間の委託契約
書（当該サービス受領者が対象物体について必要な権原を有していることの表明保証
を含むことが求められている）および対象物体に係る所有者・管理者に関する
情報等が求められる。

◆(2) 軌道上サービスにおける損害賠償責任の所在　　軌道上サービスの提
供にあたって発生した損害に関する責任の所在は、事業者が負担しうるコ
ストおよびその予測可能性に関わる問題であり、事業者にとって極めて重
要である。

　(i) 地上等において発生した第三者に対する損害　　日本において軌道上サー
ビス事業者が打ち上げたサービス衛星が何らかのトラブルにより落下して、
地上、水中、飛行中の航空機等の飛翔体に落下して、物理的損害を与えた
場合には、宇宙活動法の定めに従って損害負担が決定される。

　宇宙活動法上、ロケットの打ち上げ行為の最中にロケットが地上、水中、
飛行中の航空機等の飛翔体に落下して物理的損害を与えた場合、打上げを
行った者が第三者に対する無過失完全賠償責任を負う（宇宙活動法35条）。
これに対して、正常に分離した後、運営されている人工衛星が何らかのト
ラブルにより、地上、水中、飛行中の航空機等の飛翔体に落下して物理的
損害を与えた場合には、衛星管理者が同様に第三者に対する無過失完全賠
償責任を負うこととなる（同法53条）。

宇宙活動法上の損害賠償責任の所在や政府補償に関する詳細は、第１章第２節を参照されたい。

(ⅱ) 宇宙空間で発生した第三者・サービス受領者に対する損害　では、軌道上サービスを提供するにあたって、機器の故障等により第三者の衛星や対象物体に衝突し、損害を与えた場合はどうか。

①第三者に対する責任　地上等において発生した損害と異なり、宇宙空間において発生した損害負担のあり方について、宇宙活動法は定めておらず、また、政府補償等の国内法上の法整備はいまだ行われていない。そのため、軌道上サービスの過程で宇宙空間において発生した第三者に対する損害については、一般的な不法行為責任法（日本でいえば民法）の適用に委ねられることになる。

日本法上不法行為に基づく損害賠償請求権が成立するには、一方当事者の故意または過失、損害および両者の間の因果関係が認められる必要がある。ここにいう「過失」とは、ある結果を生じうることを予見（予見可能性）しかつ避けられた（回避可能性）にもかかわらず、これを避けなかったことを意味すると一般に考えられている。宇宙における軌道上サービスは最先端の技術を要する分野であり、軌道上サービスの提供にあたって十分に慎重な研究・実証作業を行ってきたにもかかわらず、全く予見しえなかった誤動作等が生じる事態は想定される。そのような場面においては、予見可能性を欠き第三者による損害賠償請求は認められない可能性は十分にありうると思われる。もっとも、予見可能性についてどの程度のものが求められるかについては事実に基づく個別判断となるので、予見可能性も回避可能性もあったと認定される可能性も十分ありうる。他方、すでに宇宙空間に存在するサービス衛星自体に何らかの欠陥があったのかどうかを確かめることは容易ではないため、予見可能性や回避可能性を認定するための事実関係を調査することが困難であることも想定される。

次に、誤作動等について事業者の過失が認められて損害賠償請求が認められるとしても、かかる過失と相当因果関係にある損害はどこまでかが難しい問題となる。特に、逸失利益がどこまで含まれるかは個別具体的な検

討が必要な問題となる。

　以上は、日本法が適用される場合であるが、特に関係者が複数国にまたがる場合、実際にはどの国の法律が準拠法となるかは国際私法上明確ではない。日本の国際私法である法の適用に関する通則法（平成18年法律78号）17条は不法行為に関する準拠法につき「不法行為によって生ずる債権の成立及び効力は、加害行為の結果が発生した地の法による。ただし、その地における結果の発生が通常予見することのできないものであったときは、加害行為が行われた地の法による。」と定めているが、軌道上において「結果が発生した地」をどこと解すべきかは明らかでない。

　なお、宇宙損害責任条約3条は「損害が、一の打上げ国の宇宙物体又はその宇宙物体内の人若しくは財産に対して他の打上げ国の宇宙物体により地表以外の場所において引き起こされた場合には、当該他の打上げ国は、その損害が自国の過失又は自国が責任を負うべき者の過失によるものであるときに限り責任を負う」と定めており、同条約に基づけば、被害者である第三者の打上げ国は、加害者の打上げ国に対して損害賠償請求が可能であり、しかもその場合、打上げ事業者または打上げ国に過失があればよいとされている点が着目される。すなわち、事業者の過失によりサービス衛星の欠陥や衝突が惹起された場合はもちろんのこと、当該打上げ国において十分な安全管理がなされるように制度設計がなされていなかったような場合（であって、当該制度不備に過失があるような場合）にも、打上げ国に対して請求を行うことができると考えられる。もっとも、宇宙損害責任条約による損害賠償請求においても「過失」の有無や損害の範囲の認定が困難であることは民法の場合と同じである。

　このように、不法行為に基づく損害賠償責任については、国際的にみてもまだ事例や判例等の集積がなく、事業者が事前に想定困難かつ多額の損害賠償責任を負う可能性も、過失や損害を十分に立証できない被害者が救済を受けられない可能性も存在する。

　新規のビジネスを開拓・拡大するにあたって事業の予見可能性は非常に重要な要素であり、民間事業者が想定外かつ多額の損害賠償責任（や救済

を受けられない第三者を発生させることによるレピュテーションリスク）を負うリスクがあるのであれば、ベンチャー企業などが新規に事業参入することや投資家が軌道上サービスに投資を行うことにはハードルがある。そのため、民間事業者が賠償責任を負う範囲を明確化することが望ましく、実際に民間事業者からも宇宙政策委員会宇宙法制小委員会において提言があった。[*8]宇宙関連の保険商品は増えてきているが、このような場合のリスクをカバーする保険商品の開発も必要である。一方で、第三者損害賠償責任保険の強制加入が義務づけられると、事業採算性が取れなくなる弊害を懸念する意見もある。そこで、このような損害が生じた場合には、政府補償等により国が一定のリスクを負担すべきという考え方がある。この点について、宇宙政策委員会宇宙法制小委員会が2018年12月20日に中間整理のとりまとめとして公表した「人工衛星の軌道上での第三者損害に対する政府補償の在り方（中間整理）」では、「具体的な制度化までの導入環境がまだ熟しているとは言えない」として軌道上政府補償に関する具体的な政策方針の提示は見送られたものの、共通ルールと同日付で公表された「軌道上サービスに共通に適用する我が国としてのルールについて」[*9]においては、軌道上サービスの現実化や衛星運用者の増加による接近・衝突リスクの上昇に言及の上、政府補償に関する検討再開の必要性が指摘されている。

　アストロスケールや川崎重工の例のように日本企業が遠くない将来においてデブリ除去事業といった軌道上サービスの事業化を目指していることをふまえれば、日本における軌道上サービス市場を成熟させるためにも、軌道上損害のあり方について早期に制度整備を行うことが期待される。なお、海外における政府補償制度の整備状況は以下のとおりである。

＊8　株式会社アストロスケール「デブリ除去サービスへの政府補償制度について」（2018年9月25日、宇宙政策委員会宇宙産業・科学技術基盤部会宇宙法制小委員会）https://www8.cao.go.jp/space/comittee/30-housei/housei-dai1/siryou5.pdf
＊9　当該資料においては、共通ルールにおいて示された許可に関する要求事項が整理されるほか、軌道上サービスに係る損害賠償責任リスクや、デブリ除去の費用負担に関する制度等、今後の軌道上サービスに関するルールのあり方についての検討結果がまとめられている。なお、当該資料においても、政府補償に関する具体的な政策方針の提言までは行われていない。

・英国　　2018 年に制定された宇宙産業法（Space Industry Act 2018）において、軌道上損害についても政府補償の対象とされている。ただし、具体的な運用方針については明らかになっていない。
・フランス　　事故当事者間の請求により運用事業者が相手方に対して損害賠償責任を負った場合の政府補償制度は設けていないが、宇宙損害責任条約に基づき、フランス政府が被害国に賠償をした場合のフランス政府の事業者に対する求償可能額について上限を設定している。
・米国　　軌道上損害について政府補償制度は存在しない。

②サービス受領者に対する責任　　軌道上サービス事業者と当該サービス受領者の間では軌道上サービスに関する契約が締結されるため、サービス受領者に損害が発生した場合の取扱いは、契約上の規定に従うことになる。そこで、軌道上サービス契約における損害発生の場合の規定の留意すべきポイントについて述べる。

　事例として、人工衛星の延命サービスを行っている事業者 A が、顧客である事業者 B が運用する人工衛星に延命サービスを行おうとしたところ、誤って対象物体である事業者 B の人工衛星に衝突し、これを壊してしまったとする。

　この場合、軌道上サービス契約上事業者 A が一定の事故防止の義務を負っておりこれに違反していたとなれば、事業者 B には債務不履行に基づく損害賠償請求が認められる余地がある。また、軌道上サービス契約上、契約外において不法行為に基づく損害請求債務を行うことが禁止されていなければ、事業者 B には事業者 A の過失を立証することにより不法行為に基づく損害賠償請求が認められる余地がある。もっとも、この場合、事故防止の義務の内容や損害の範囲（逸失利益を含むか等）や上限額等を契約上明確に合意しておかなければ、これらの点をめぐって当事者間で紛争となる可能性が高く、裁判所等で当事者が争っても判例等の集積がないため裁判所等の判断についての予測可能性は低い。そこで、紛争防止の観点からは、事故防止の義務の内容や損害の範囲や上限額等を契約上明確に合意

しておくことが考えられる。もっとも、現実的には、当面は他の宇宙ビジネスに関する契約と同様、軌道上サービスに関する契約法務においてもクロスウェーバーの考えを適用し、軌道上サービス契約書において、宇宙空間内で生じた損害については当事者双方免責の形で合意し、上記事例のような場合についても事業者Bは保険でリスクをカバーするという建付けにする（故意など一定の場合に損害賠償を行うことに同意する場合でも、どのような場合に責任を負うか、また責任を負う場合に賠償する損害の範囲（逸失利益を含むか等）や上限について明確に合意しておく）ことが多くなると思われる。

1．宇宙資源とは

　宇宙資源とは、一般に、宇宙で採掘された資源のことを指す。具体的には、月や小惑星において採取できる水、鉱物等の非生物資源が挙げられる。

　宇宙資源探査というと、プラチナやレアメタルなどの高価な資源を採掘して地球に持ち帰ることを想起されるかもしれない。たとえば、小惑星の価値などをデータベース化している Asterank によると、はやぶさ2が貴重な岩石サンプルを持ち帰った小惑星「りゅうぐう」の推定利益（Estimated Profit）は約 300 億ドルと推計されており[*1]、実際にこういった資源の採掘を視野にいれている企業もあることが報じられている。しかし、現時点では採掘の困難さや地球への安価な持ち帰り方法など乗り越えるべき課題が多く、実現性は低い。むしろ、当面中心となるのは、宇宙で使うことを想定した月や地球近傍小惑星（Near Earth Asteroids）に存在する水や炭化水素、土砂（レゴリス）である。現時点で、月や火星については、長期間の有人滞在を含む活動が計画されていること、さらに将来、より遠方の宇宙空間での有人活動が企画されることを想定すれば、人類が宇宙空間での移動に必要な推進剤や宇宙での活動に必要な建築物資を現地で（In-Situ）確保できる能力を取得することが望まれるところ、これらの物資を地球上から重力圏を脱して宇宙まで運ぶのはロケット燃料を初めとして相当のコストがかかるからである[*2]。

　特に水は、飲料や生活用水とするほか、水素と酸素に分解して推進剤として用いることができるため、宇宙開発のコストを格段に低減することができる。月面には、相当の量の水がレゴリス中に閉じ込められていると考えられており、また、特に太陽光のあたらない極域のクレーター中などに

＊1　https://www.asterank.com/
＊2　かかる宇宙への輸送のコスト問題を解決する宇宙エレベーターの研究も進んでいるが、実現は当面先であると思われる。

は、氷として一定量の水が存在すると予測されている。2020年代前半には、月極域を探査し、月面に利用可能な水氷が存在しているかの調査を行うことが、各国により計画されている。[*3]火星には赤道近辺であっても浅い地中には広く氷が分布していると考えられており、また火星大気の95%を構成する二酸化炭素から水を生成することも可能である。[*4]地球近傍小惑星にも水は大量に存在することが見込まれている。

炭化水素は、水と同様に推進剤として活用することが可能な資源である。一般的な炭素質隕石には、シェールガス生産が行われている頁岩と同様に数%の炭化水素が含まれていることが分かっており、これらの母天体である炭素質小惑星から、推進剤に利用可能な炭化水素等の揮発性成分を獲得することの技術的可否が議論されている。

さらに、宇宙空間での活動には、飛来する有害な放射線や高エネルギー粒子、高エネルギー宇宙線を遮蔽するための大規模な防護壁が必要になるが、その資材として各天体の表面を覆う土砂（レゴリス）を活用することが有効であると考えられている。将来的には月や火星、その他の小惑星から、加工の容易な金属鉱石を確保し、3Dプリンターなどの技術を使って天体に設置する基地等の建材として利用することも検討されている。

2. 宇宙資源開発の状況

◆(1) 国内の状況　日本のスタートアップ企業である株式会社 ispace（以下、「ispace」という）は、月面への輸送サービスや月面資源の探査を計画しているが、2020年12月に、NASAが計画する、民間企業が月のレゴリスを取得してNASAに月面上で譲渡するという案件のパートナー企業[*5]

---

*3　NASAは2023年に月南極に探査車（VIPER）を輸送し、南極域で水氷の分布や量を調査予定である。JAXAは、インド宇宙研究機関（ISRO）と共同で、月の水資源に関する調査を目的とした月極域探査ミッション（LUPEX）を計画している。

*4　2021年2月に火星のJezeroクレーターに着陸した火星ローバー Perseverance は、将来の人間による火星探査を視野に入れて火星大気から水を作る実験装置 MOXIE を搭載しており、実際に水の生成に成功した。

*5　NASAは10年間で総額26億ドル（約3000億円）かけた月面輸送サービス「CLPS」を計画しており、ispace陣営を含む14社が現在選出されている。

に選出された。[*6]この案件が実行されれば、宇宙において資源が採掘され譲渡される最初のケースとなると思われる。また、月面資源探査に繋がる月面開発に参入する企業も増えており、たとえば株式会社ダイモンは月面探査車「YAOKI」を Astrobotic 社の Peregrine ランダーに搭載し、早ければ 2021 年中にも打ち上げ予定であり、日本初の月面ローバーとなることが見込まれている。

◆(2) 海外の状況　　小惑星からの資源採掘を目指すスタートアップ企業としては、2009 年に Planetary Resources Inc. が、2013 年に Deep Space Industries が設立されたが、各社はそれぞれ他社からの買収を経た後、その資源採掘事業は事実上消滅した。小惑星からの資源探査を目標とすることはいまだハードルが高いことがうかがえる。

　他方、月資源の開発を目指す企業としては、米国で設立された MOON EXPRESS 社などが挙げられる。同社は 2016 年に米国政府から民間企業で初めて月に宇宙探査機を送り込む許可を取得しており、水資源を初めとした月資源の開発を目標としている。

3. 法的問題の所在

◆(1) 宇宙条約　　宇宙条約には商業的宇宙資源探査に伴う具体的な行為そのものを直接かつ明示的に許容または禁止する規定は見当たらない。もっとも、商業宇宙資源探査に関連し得る宇宙条約上の規定はいくつか存在し、これらの規定により商業的宇宙資源探査が実質的に禁止されるのではないかが問題となる。

　(i) 宇宙条約 1 条 1 段落との関係　　宇宙条約 1 条 1 段落は、「月その他の天体を含む宇宙空間の探査及び利用は、すべての国の利益のために、その経済的又は科学的発展の程度にかかわりなく行なわれるものであり、全人類に認められる活動分野である。」と規定している。この点、「利用」には宇宙資源開発も含まれると解釈される[*7]が、そうだとすると、特定の国家お

＊6　https://www.nasa.gov/press-release/nasa-selects-companies-to-collect-lunar-resou
　　rces-for-artemis-demonstrations

よび私人が自由に宇宙資源を開発しまたは所有することは、利用が「すべての国の利益のために」行われなければならないとの規定と矛盾し、同条を根拠に国家または私人による宇宙資源の所有が禁止されないかが問題となる。

　この点、宇宙条約1条の解釈を表したものとして位置づけられているスペース・ベネフィット宣言は、宇宙空間の探査および利用における国際協力が「すべての国の利益のために」行われるものであり、開発途上国の必要を特に考慮しなければならないとしつつも、その国際協力は、「衡平かつ相互に受諾可能な基礎に基づき」行われること（スペース・ベネフィット宣言2条・3条）、開発途上国の技術的援助、財政的、技術的資源の配分の必要を考慮して、とりわけ(a)宇宙科学技術の発展の促進、(b)宇宙能力の発展の育成、(c)国家間の専門的知識および技術の交換を容易にすることを目標とすることを規定するにとどまり（スペース・ベネフィット宣言5条）、関係国にとって受諾可能な範囲を超えて強制的に宇宙活動によって得られた結果を分配することまでを要求する趣旨ではないものと解される。したがって、同宣言をふまえて宇宙条約1条を解釈すれば、同条は宇宙空間で採取した資源の所有を否定するとまではいえないものと考えられる。

　(ii)　**宇宙条約2条との関係**　　宇宙条約2条は、「月その他の天体を含む宇宙空間は、主権の主張、使用若しくは占拠又はその他のいかなる手段によっても国家による取得の対象とはならない。」と、いわゆる専有禁止原則を定めているが、商業的宇宙資源開発が同条の禁止する専有に該当しないかが問題となる。

　この点、宇宙条約2条は、「国家による」月その他の天体を含む宇宙空間に対する主権の主張や取得を禁止するとの文言の規定となっているため、まず私人による天体等の宇宙空間の所有の可否が問題となる。私人の土地

---

*7　宇宙条約1条の「利用」から、宇宙資源開発が除かれていないことから、同条の定める「利用」に宇宙資源開発も含まれるとする考え方であるが、その根拠が不明確であるとの指摘もなされている（杉浦卓弥「宇宙資源開発の合法性をめぐる国際宇宙法の認識枠組み――アメリカ『宇宙資源探査利用法』（2015年）を契機として」法学研究論集53号235頁）。

所有権は、国家の管轄事項と解されているため、私人が国家の管轄権外の土地を、単なる事実行為としてではなく法的に所有するためには、当該私人の国籍国がその土地を自国領域に編入し、当該私人の土地所有について追認を行う必要がある。しかし、宇宙条約6条は「条約の当事国は、月その他の天体を含む宇宙空間における自国の活動について、それが政府機関によって行なわれるか非政府団体によって行なわれるかを問わず、国際的責任を有し、自国の活動がこの条約の規定に従って行なわれることを確保する国際的責任を有する」と規定し、ここでいう「自国の活動」には自国民の活動も含まれることから、所有権を主張する私人の国籍国が宇宙条約の当事国であれば、国籍国は宇宙条約上国家による取得が認められていない天体の土地等について、当該私人の所有権取得の主張を認めることができず、したがって私人による天体の法的な所有も認められないと考えられる。[*8]

　もっとも、宇宙条約2条において、取得が明示的に禁止されているのは天体それ自体にとどまるため、そこから採取した資源についても取得が認められないのかについては必ずしも明らかではない。たとえば、天体と同じく国家の主権は及ばない領域である公海について、その資源採取ともみなせる漁業は禁止されていないことや（国連海洋法条約87条）、国家の主権そのものは及ばない大陸棚について、沿岸国に探査および天然資源の開発の目的に限定された「主権的権利」が認められていること（同77条1項）など、主権の及ばない領域であっても、その領域から資源を採取しこれを取得することは認められる場合も存在するため、天体それ自体の所有が認められないとしても、直ちに天体から採取した資源の所有が認められないとはいえないと思われる。[*9]

　また、天体上に採掘施設や採掘のための基地等を建設することにより、

---

*8　小塚荘一郎・佐藤雅彦編著『宇宙ビジネスのための宇宙法入門〔第2版〕』（有斐閣、2018年）37〜38頁。

*9　アルテミス合意においても、宇宙資源の採掘が、宇宙条約2条の国家による取得（national appropriation）を本質的に構成するというわけではないことが前提とされている（アルテミス合意10条2項）。

当該天体上の土地の一部を使用することが、宇宙条約2条にいう「使用若しくは占拠」による宇宙空間の取得にあたらないかとの問題もある。宇宙条約2条が、天体を事実上所有するような態様での天体の使用や占拠までを禁止するものであるかについて、いまだ定まった解釈は存在しないが、宇宙条約2条の文言は、使用または占拠その他の手段による国家の宇宙空間の「取得」を禁じているものであること、宇宙条約12条に、天体上の基地、施設等を、条約の他の当事国に開放することを要求する規定があることから、宇宙条約は少なくとも天体上に施設を設置すること自体については許容する趣旨であると考えられる。そのうえで、どのような態様での宇宙空間の占拠等が、宇宙条約2条により許容されるものであるかについては、実際の運用をふまえた議論を待つ必要があるものと思われる。

(iii) **小括**　以上から、宇宙条約上の規定においては、その解釈を考慮したとしても、少なくとも宇宙資源開発を禁止する趣旨までは読み取れないものと考えられる。

◆**(2) 月協定・国際慣習法（CHMの成否）**　現在締結されている宇宙に関する条約のうち、天体の資源の所有の可否について明確な規定を置いているものとして月協定がある。月協定によれば、月その他太陽系内の地球を除く天体について、その資源は人類の共同の財産（CHM: Common Heritage of Mankind）とされ（月協定11条1項）、国家その他の団体およびいかなる自然人による取得も禁止される（同条3項）。

しかし、月協定の当事国は18か国とわずかであり（2021年1月1日現在。これに対して、たとえば、宇宙条約の加盟国数は111か国）、米国、ロシア、中国をはじめとする多くの宇宙活動国は月協定に加盟しておらず、わが国も月協定には参加していない。これらの未加盟の宇宙活動国は月協定に基づく天体資源に関する規制を受けないため、宇宙活動を規律する規定としての実効性は低いといえる。

さらに、このように加盟国が少数であることに鑑みれば、月協定に基づく資源取得禁止の規制が、国際慣習法になっていると考えることも困難である。[*10]

この点、一部の学説においては、CHM は国際慣習法であり、月協定の加盟国以外も拘束するという見解もあるが、少数説にとどまり、また、CHM に該当するとしてもその法的効果が何であるかは必ずしも明確ではない。[*11]

◆(3) 商業宇宙資源開発を許容する国内法の立法の可否　　上記のように国際法上必ずしも明確に禁止する規定のない商業宇宙資源開発行為を許容する国内法を制定することができるか、という点については、ローチュス号事件判決[*12]において示された、国家は国際法が明示的に禁止していない事項について、自由に立法管轄権を行使しうるとの考え方[*13]に依拠し、国家が立法により私人による宇宙資源の所有を認めることは国際法上容認されるという考え方があり得る。学説においては、このように国内法に基づく宇宙資源開発は国際法上合法であるとする見解が多数説であるとされる。[*14]

しかし、以下で述べるとおり、2017 年以降 COPUOS の法律小委員会で行われている宇宙資源の探査、開発、利用の法的モデルに関する議論においては、国際法上明示の禁止規定がない事項の適法性に関する見解の対立を背景とした意見の交換がなされている。一方的に制定した国内法に基づき宇宙資源開発に関する活動を行うことが適法であるか、または何らかの国際的な枠組みの成立が待たれることとなるのかについて、国際的な見解が確立されているとまでは言い難い。[*15]

◆(4) 宇宙資源開発の態様　　宇宙資源の所有自体が、国際法上許容される場合でも、宇宙資源開発は、宇宙条約の関連規定に基づき適法に実施さ

---

*10　小寺彰ほか編『講義国際法〔第 2 版〕』(有斐閣、2010 年)315 頁。

*11　海洋法に関する国際連合条約(国連海洋法条約)(平成 8 年条約 6 号)の下で深海底が CHM とされているが、深海底の制度をそのまま宇宙に適用するのは適切ではないと思われる。

*12　S. S. Lotus (France v. Turkey), 1927 P. C. I. J. (ser. A) No. 10 (Sept. 2007).

*13　かかる考え方については、管轄権の過度の拡張を容認する危険性等の観点から強い批判も行われているところである(小寺彰ほか編『講義国際法〔第 2 版〕』(有斐閣、2010 年)164〜165 頁、高島忠義「ローチュス号事件判決の再検討(一)」法学研究 71 巻 4 号 57〜61 頁)。

*14　同上。

*15　森肇志・岩月直樹編『サブテクスト国際法──教科書の一歩先へ』(日本評論社、2020 年)139 頁。

れる必要がある。宇宙条約上の宇宙資源開発の態様に関連する規定として
は、国際法を遵守する必要があること（宇宙条約3条・6条）、平和的目的の
ために利用すること（同4条）、私人の活動については関係当事国が許可お
よび継続的監督を行うこと（同6条）、協力および相互援助の原則に従い、
他のすべての当事国の利益に妥当な考慮を払うこと（同9条）、宇宙空間の
有害な汚染および地球環境の悪化を避けるために適当な措置をとり、自国
（民）の活動が他国の活動に有害な干渉を及ぼす可能性がある場合には国
際的な協議を行うこと（同9条）、天体上のすべての設備は、相互主義に基
づき、他の当事国の代表者に開放されること（同12条）が考えられる。し
たがって、宇宙資源開発が実現した場合には、宇宙条約6条に基づき、国
家は自国の宇宙資源開発に関する活動が上記の態様を遵守することについ
て責任を負う。

　もっとも、このような宇宙条約上の原則を、いかにして宇宙資源開発の
規制に落とし込むかについては、宇宙に関する条約上に具体的な規定のな
いところであり、今後の国際的な枠組みの整備が待たれる。

　また、2020年11月に発効したアルテミス合意では、宇宙探査における
衝突回避（deconfliction）の原則が示されている（同11条）。すなわち、同
原則は、当事国相互で有害な干渉（harmful interference）や危険を避けるた
めの情報共有その他の協力義務を規定しているが、これは、当事国は開発
に関する情報を共有し、共有された開発計画は相互に尊重（承認）すると
いうシステムが考えられていると読めると指摘されている。[*16]特に、月面探
査を念頭におくと、水資源の開発が可能な領域は極域の永久影のあるクレー
ター内など限定的であることから、探査に適した地点を巡った争いが生
じる可能性も否定できず、かかる衝突を回避するために、事業者はこのよ
うな制度枠組に準拠した資源開発を行うべきであろう。

＊16　小塚荘一郎「宇宙開発利用の今後と法的課題」法律のひろば2021年4月32〜38頁。

4. 宇宙資源に関する各国の立法動向

◆(1) 総論　宇宙資源開発が検討されている国では、宇宙資源開発に関する法整備の議論が進んでいる。これまで、宇宙資源開発に関して明確な規定を置いている国内法が制定されているのは、米国（51 U.S.C. §51303）、ルクセンブルク（Loi du 20 juillet 2017, Art, 1er）と UAE（Federal Law No. 12 on the Regulation of the Space Sector）のみであったが、日本においても 2021 年 6 月 15 日に「宇宙資源の探査及び開発に関する事業活動の促進に関する法律」（令和 3 年法律 83 号。以下「宇宙資源法」という）が成立した。このうち米国、ルクセンブルクおよび日本の国内法は、宇宙資源に対して私人の権利が成立すると明確に定めている。

◆(2) 米国　米国は、2015 年 11 月に、U.S. Commercial Space Launch Competitiveness Act（CSLCA. USC Title51 Subtitle V. 米国商業打上げ競争力法）を制定し、以下のとおり、宇宙資源に対する占有、所有、輸送、使用および売却についての私人の権利を認めている。

U.S. Commercial Space Launch Competitiveness Act

§ 51303. Asteroid resource and space resource rights（小惑星資源および宇宙資源の権利）

A United States citizen engaged in commercial recovery of an asteroid resource or a space resource under this chapter shall be entitled to any asteroid resource or space resource obtained, including to possess, own, transport, use, and sell the asteroid resource or space resource obtained in accordance with applicable law, including the international obligations of the United States.（本章に基づき小惑星資源または宇宙資源の商業的回収を行う米国市民は、米国の国際的な義務を含む適用法に従い取得した小惑星資源または宇宙資源を占有、所有、輸送、使用および売却することを含め、取得した小惑星資源または宇宙資源に対する権利を有する）

所有権の承認については、所有できると明記されているが、他方で同法 403 条において、米国は本法の施行によって、いかなる天体に対しても主権または主権的もしくは排他的な管轄権、所有権等を主張するものではな

い旨が規定されており、宇宙条約2条への配慮が見られる。

　宇宙条約6条との関係では、同法108条で、宇宙条約遵守のための政府の監督の枠組みを定める内容となっている。そして、商業宇宙資源探査活動に対する許可制度に関しては、同法402条により追加された商業宇宙打上げ法51302条(b)によると、大統領は、同法の制定日から180日以内に、議会に、私人による宇宙資源の商業探査および商業回収について米国に国際的に必要とされる許可および継続的な監視等に関する報告書を提出しなければならないとされている。しかし、オバマ政権時代は、これを受けてアメリカ合衆国科学技術政策局（OSTP）がオバマ大統領に提案した、アメリカ連邦航空局（FAA）のペイロードレビューをモデルにしたMission Authorization Processは議会提出には至らず、また、トランプ政権時代においても2017年6月に、商務省に監督権限を集約することを規定したFree Enterprise Actが米下院に提出されたにとどまった。2017年10月に開催された米国国家宇宙会議において、商業宇宙活動の規制枠組に係る全面見直しを行うことが指示されており、商業宇宙資源探査活動に関して宇宙条約6条に基づく許可・監督の制度は現時点においてはいまだ立法化されていない。したがって、現時点では、同法の下で民間企業が宇宙資源を採掘することは事実上できないといえる。

　また、宇宙条約9条には、協力・相互援助の原則、他国の利益に対する妥当な考慮、宇宙空間の有害な汚染および地球外物質の導入から生ずる地球環境悪化の防止、他国の宇宙活動に対し潜在的に有害な干渉を及ぼすおそれがある場合の適当な国際的協議等などの要請がある。上記402条に基づくOSTPレポートでは宇宙条約9条の要請に対応する必要性にも言及されているが、この点についても具体的な規則および審査体制は現在のところいまだ整備されていない。

◆(3) ルクセンブルク　　ルクセンブルクは、従前から国の産業政策として民間宇宙事業の誘致に力を入れており、たとえば、通信衛星事業者であるSES社を政府としてバックアップして、初めて民間企業による衛星放送を実現させている。現在、ルクセンブルクは、民間宇宙活動のハブとな

ることを目指しており、2017 年には宇宙資源探査法（l'exploration et l'utilisation des ressources de l'espace）を制定した。

　宇宙資源探査法においては、1 条で、私人が宇宙資源を所有できる旨規定しており、宇宙資源の所有が認められることを明らかにしている。また、同法 2 条では、商業宇宙資源探査ミッションごとに許可を発給する制度を定めている。同条 3 項には、許可を受けた事業者は、許可条件およびルクセンブルクの国際的義務に従う限りにおいて商業宇宙資源探査ミッションを行うことができる旨が規定されており、米国法と同様に宇宙条約に対する一定の配慮がなされている。もっとも、本書執筆時点において、実際に許可が付与された事例はないので、今後の事例が注目される。なお、同法においては、活動の結果生じる損害についてはすべて事業者が責任を負うこととされている（同法 16 条）。

◆(4) UAE　　UAE は、2014 年に宇宙庁（UAE Space Agency）を設立し、2016 年に国内の宇宙分野を発展させることを目的とする国家宇宙政策を策定するなど、宇宙分野の発展に比較的最近になって力を入れ始めた国である。国家宇宙政策の一環として、UAE は、2019 年 12 月に、宇宙活動全般に関する規制の枠組みを定めた宇宙分野の規制に関する連邦法（Federal Law No. 12 on the Regulation of the Space Sector）を制定した。

　同法の規制対象には商業利用を目的とする宇宙資源の開発も含まれており、下記の 18 条 2 項により私人が宇宙資源の所有、売買、輸送、貯蓄等[*17]を含む宇宙資源の開発行為を行うことを、宇宙庁の役員会議による許可の対象とすることが規定されている。

　同法は、米国やルクセンブルクにおける国内法と異なり、宇宙資源に関する私人の権利を直接に規定する条項をもたないが、宇宙庁による当該許可が付与される限りにおいて、私人の商業的宇宙資源開発のための宇宙資源に対する権利も認める趣旨であると考えられる。

　宇宙資源開発許可のための条件は、下記の 18 条 1 項により内閣（Coun-

---

*17　同法 4 条 1 項(j)。

cil of Ministers）または内閣による委任を受けた者の決定により定められる
事項とされ、今後当該決定により、より詳細な規制が定められるものと予
測される。

Federal Law No. 12 on the Regulation of the Space Sector

Article 18- Exploration, Exploitation and Use of Space Resources（宇宙資源
の採掘、開発および利用）

　1- Subject to the provisions of Article (14)[*18] of this Law, the conditions and controls relating to permits for the Exploration, exploitation and use of Space Resources, including their acquisition, purchase, sale, trade, transportation, storage and any Space Activities aimed at providing logistical services in this regard shall be determined by a decision issued by the Council of Ministers or whomever it delegates.（本法 14 条の規定に従い、宇宙資源の所有、購入、売却、取引、輸送、貯蓄およびこれに関する支援的業務の提供を目的とする宇宙活動を含む、宇宙資源の採掘、開発および利用に対する許可の条件は、内閣または内閣が委任する者が発する決定によって定められる）

　2- The permits referred to in clause (1) of this Article shall be granted by a dicision of the Board of Directors upon the proposal of the Director General.（本条 1 項に定める許可は、局長の提案に基づき、役員会議の決議により付与される）

◆(5) 日本　　日本においては、これまで、上記 3 か国のような宇宙資源
開発について明記した立法はなされておらず、国内企業による宇宙資源開
発を推進するため同様の立法を行うことについての議論が行われている状
況であった。これまでも、宇宙資源を採掘する宇宙機は宇宙活動法上の
「人工衛星」に該当するので、宇宙資源開発を行おうとする者は、宇宙活
動法上の許可を取得すれば足りるという考え方はあったが、具体的にどの
ような宇宙資源探査が許可されるかという点については必ずしも明らかで
はなかった。

　そうした状況の中、2021 年 6 月 15 日に成立した「宇宙資源の探査及び

＊18　同法 14 条においては、UAE における宇宙活動に関する許可の付与のあり方が一般
　　的に規定されている。

開発に関する事業活動の促進に関する法律」（宇宙資源法）は、宇宙活動法の規定による許可の特例という位置づけで、宇宙資源の探査および開発を人工衛星の利用の目的として行う人工衛星の管理をするにあたって、事業[19]者に求められる手続や許可要件等を以下のとおり定めた。また、宇宙資源の所有権の取得に関しても明文を設けている。

(i) 事業活動計画の提出　宇宙資源の探査および開発を人工衛星の利用の目的として行う人工衛星の管理に係る宇宙活動法の許可（宇宙資源の探査および開発の許可）を受けようとする者は、その際に提出する申請書（宇宙活動法 20 条 2 項）に、以下の事項を定めた計画（事業活動計画）を併せて記載する必要がある（宇宙資源法 3 条 1 項）。

①宇宙資源の探査および開発に関する事業活動の目的

②宇宙資源の探査および開発に関する事業活動の期間

③宇宙資源の探査および開発を行おうとする場所

④宇宙資源の探査および開発の方法

⑤①から④までに掲げるもののほか、宇宙資源の探査および開発に関する事業活動の内容

⑥その他内閣府令で定める事項[20]

(ii) 許可要件　宇宙資源の探査および開発の許可の要件として、宇宙活動法に定めるもの（宇宙活動法 21 条・22 条）のほか、以下のいずれにも適合していることが求められる（宇宙資源法 3 条 2 項）。

①事業活動計画が、宇宙基本法の基本理念に則したものであり、かつ、

---

*19　宇宙資源法は、「宇宙資源」の定義として、「月その他の天体を含む宇宙空間に存在する水、鉱物その他の天然資源」をいうとした（宇宙資源法 2 条 1 号）。また、「宇宙資源の探査及び開発」の定義として、「次のいずれかに該当する活動（専ら科学的調査として又は科学的調査のために行うものを除く。）」をいうとした（同条 2 号）。
　　①宇宙資源の採掘、採取その他これに類するものとして内閣府令で定める活動（以下、「採掘等」という）に資する宇宙資源の存在状況の調査。
　　②宇宙資源の採掘等およびこれに付随する加工、保管その他内閣府令で定める行為。
　　なお、2021 年 10 月 20 日に公表された宇宙資源法施行規則案では、「内閣府令で定める行為」として、宇宙資源の輸送が規定されている。
*20　2021 年 10 月 20 日に公表された宇宙資源法施行規則案では、「内閣府令で定める事項」として、事業活動計画に記載した事業活動の資金計画および実施体制が規定されている。

宇宙の開発および利用に関する諸条約の的確かつ円滑な実施および公共の安全の確保に支障を及ぼすおそれがないものであること。

②申請者が事業活動計画を実行する十分な能力を有すること。

宇宙活動法における一般的な人工衛星の管理に関する規律においても、人工衛星の利用の目的および方法が上記①の基準に適合していること、ならびに人工衛星の管理の方法を定めた管理計画について申請者が上記②の基準に適合していることが要求されているが、宇宙資源の探査および開発の許可にあたっては、さらに宇宙資源の探査および開発に特有の事項を定めた事業活動計画についても、上記2つの基準をその許可に係る審査基準に含める趣旨であると解される。宇宙資源法は、文言自体は抽象的で幅があるため、今後ガイドライン等の作成が望まれるものの、一定の許可要件を示していることからしても、許可要件を明確に定めていない米国やルクセンブルクの宇宙資源開発に関する法律よりも一歩進んだ法律と評価できよう。日本政府としては、今後、客観的に明確な許可要件に基づきできるだけ民間企業に許可を与えることで、日本の民間企業の国際的な競争力を高める意図や国外の企業誘致を推進する目的があると思われる。

(iii) 許可を受けた場合の公表　宇宙資源の探査および開発の許可を受けた者の氏名や名称、事業活動計画の内容その他所定の事項は、公表されることが原則である（宇宙資源法4条本文）。その目的は、宇宙資源の探査および開発に関する事業活動を国際的協調の下で促進するとともに、宇宙資源の探査および開発に関する紛争の防止に資するためとされる。ただし、公表されることにより、当該許可を受けた事業活動にかかる利益が不当に害されるおそれがある場合として、内閣府令で定める場合には、公表されない場合がある（宇宙資源法4条但書）。[21]

(iv) 宇宙資源の所有権の取得　宇宙資源法は、上記の宇宙資源の探査お

---

*21　2021年10月20日に公表された宇宙資源法施行規則案では、「内閣府令で定める場合」として、「公表することにより、宇宙資源の探査及び開発に関する事業活動に係る利益が不当に害されるおそれがある部分及びその理由を記載した書類を当該事業活動を行う者が内閣総理大臣に提出した場合であって、当該理由が合理的かつ妥当と認められる場合」が規定されている。

および開発に係る許可等に係る事業活動計画の定めるところに従って採掘等をした宇宙資源については、当該採掘等をした者が所有の意思をもって占有することによって、その所有権を取得すると規定する（宇宙資源法5条）。

　その他、宇宙資源法は、その施行にあたってはわが国が締結した条約その他の国際約束の誠実な履行を妨げることがないよう留意しなければならないこととし（同法6条1項）、また、同法のいかなる規定も、月その他の天体を含む宇宙空間の探査および利用の自由を行使する他国の利益を不当に害するものではないことを明記するなど（同条2項）、宇宙条約に対する一定の配慮をしている。さらに、宇宙資源法は、国際機関その他の国際的な枠組みへの協力を通じて、各国政府と共同して国際的に整合のとれた宇宙資源の探査および開発に係る制度の構築に努めることや、民間事業者による宇宙資源の探査および開発に関する事業活動に関し、国際間における情報の共有の推進、国際的な調整を図るための措置その他の国際的な連携の確保のために必要な施策を講ずることを明記するなどしており（宇宙資源法7条）、国際的な制度の構築および連携の確保に配慮している。

　本書執筆時点では宇宙資源法の施行に係る内閣府令のパブリックコメントが実施されている状況であり、宇宙資源法の適用対象となる「宇宙資源の探査及び開発」の範囲や、許可を受ける際に必要となる事業活動計画の記載事項等について今後変更される可能性が残されているものの、同法の成立により、宇宙資源開発事業やそれに伴う宇宙資源の所有権の取得が、一定の条件のもとで法的に認められることになる。そのため、今後は宇宙資源開発事業を行おうとする国内外の事業者の予見可能性が高まる結果、宇宙資源開発事業の促進効果や企業の誘致にも期待が寄せられる。[22]

　また、米国やルクセンブルク、UAE に次いで宇宙資源開発に関する法整備を行った国として、今後の国際的なルール形成においてリーディングケースとして参照されることも期待される。

＊22　宇宙資源法は、国の施策として、「宇宙資源の探査及び開発に関する事業活動を行う民間事業者に対し、当該事業活動に関する技術的助言、情報の提供その他の援助を行う」と定めており（宇宙資源法8条）、このことからも企業誘致への期待が読み取れる。

5．宇宙資源開発に関する国際的な議論の動向

　宇宙資源開発に関する国際的な議論は、主に国連宇宙空間平和利用委員会（COPUOS）法律小委員会およびハーグ宇宙資源ガバナンスワーキンググループで行われている。また、国際宇宙法学会もアカデミックな観点から意見を発表している。

◆(1) 国際宇宙法学会理事会「宇宙資源採掘に関するポジションペーパー」
(2015 年 12 月 20 日)　　国際宇宙法学会理事会は、米国の商業打上げ競争力法制定を受け、その翌月である 2015 年 12 月 20 日に「宇宙資源採掘に関するポジションペーパー」と題する声明を公表した。同声明は、宇宙条約が商業宇宙探査に関しての明示的な禁止規範を有しないこと等を根拠に、米国の新法を「宇宙条約のあり得る解釈[*23]」と評価している。一方で、そのような法的状況が満足のいくものであるかどうかについては議論の余地があり、また、米国による宇宙条約 2 条の解釈が他の国家にも受け入れられるかどうかが、（同条の）天体取得禁止原則の今後の理解・発展の中核をなすであろうとしており、必ずしも米国等の立場を支持しているというものでもない。

◆(2) 国連宇宙空間平和利用委員会（COPUOS）法律小委員会　　米国による商業打上げ競争力法の制定を背景として、国連宇宙空間平和利用委員会（COPUOS）法律小委員会（以下、「COPUOS 法小委」という）では、2017 年 3 月に開催された第 56 会期以降、直近の第 60 会期（2021 年 5〜6 月開催）まで継続して「宇宙資源の探査・開発・利用における潜在的な法的モデルに関する意見交換」という議題が設定されている。本議題は、あくまで参加国による意見交換を目的としているため、委員会として何らかの結論や立場が表明されたわけではない。もっとも、COPUOS 法小委は現時点での各国政府の公式的な見解の表明の場として機能しており、商業宇宙資源探査の宇宙条約上の合法性について各国間で見解の相違があることが、特に

＊23　原文は a possible interpretation of the Outer Space Treaty。

上記議題が設定された初回の第56会期において顕著にみられた。

　たとえば、宇宙条約1条において「全人類に認められる活動分野」とされる「月その他の天体を含む宇宙空間の探査及び利用」のうち、「利用」には宇宙資源開発が含まれるのかという点において意見の相違がみられた[24]。また、自国の処分権外の物に対する所有権を認めることは、宇宙条約2条の宇宙空間専有禁止原則に反する旨の意見が述べられたのに対し、宇宙資源に対する所有権は宇宙条約1条に規定される宇宙活動の自由に基づいて行われる天然資源の所在地からの移転の結果として生じ得るものであり、宇宙条約2条の宇宙空間専有禁止原則には反しない旨の意見が述べられた[26]。その他、宇宙資源の利用に関する権利の存否を判断するにあたって、月協定を参照することの妥当性についても意見が分かれた。

　現在のCOPUOS法小委では、商業宇宙探査それ自体が宇宙条約に違反していると発言する国は減ってきており、代わりに、国際枠組みなしに国内法に基づいて抜け駆け的に活動するのは、宇宙条約が謳う国際協力の理念に反するという考え方が主流となっている。この流れを受けて、COPUOS法小委では、宇宙資源探査の国際的な枠組みについて意見交換するだけにとどまらず、モデルとなる枠組みの検討・提案を実施するワーキンググループを設置すべきであるとの意見が強くなり[27]、直近の第60会期において、5年期限のワーキンググループの設置が決定された。現状、同ワーキンググループの権限は、宇宙資源探査に関する国際的な枠組みを発展させることの「利益を検討する」というものにとどまっているものの、2022年には詳細な作業計画・作業方法について合意される予定であり、同ワーキンググループでの議論を含むCOPUOS法小委の議論動向は今後

＊24　第56回法小委報告書244〜247段落（https://www.unoosa.org/oosa/oosadoc/data/documents/2017/aac.105/aac.1051122_0.html）。

＊25　第56回法小委報告書247段落。

＊26　第56回法小委報告書248段落。

＊27　この潮流は、アルテミス合意10条4項の「署名国は、本協定の下での経験を活かし、COPUOSにおける進行中の取組みを通じたものを含め、宇宙資源の採取・利用に適用される国際慣行・規則をさらに発展させるための多国間の取組みに貢献する」という規定にも反映されている。

も注視していく必要がある。

◆（3）ハーグ宇宙資源ガバナンスワーキンググループ　　政府機関のみならず、各国の学者や民間企業などの多様なマルチステークホルダーによる取組みとして、ハーグ宇宙資源ガバナンスワーキンググループ（以下、「ハーグWG」という）の活動がある。ハーグWGは、メンバーとオブザーバーで構成されており、各大陸の組織のコンソーシアムが主催している。コンソーシアムの主要な幹事は、オランダのライデン大学の航空宇宙法研究所である[28]。ワーキンググループのメンバーは、宇宙資源活動の利害関係者であり、コンソーシアムパートナー、産業、国家、国際機関、学界およびNGOを代表している。

　ハーグWGは、①宇宙資源活動に対する規制枠組みの必要性を世界的に評価し、かかる規制枠組みの基礎を用意すること、②必要性が証明された場合、各国に対して国際合意または法的拘束力のない文書の交渉に入るよう促すこと、③追求されるべき各国の法的枠組みのガイドライン案をマルチステークホルダーの枠組みにおいて策定することを目的として、2016年1月に取組みを開始し、2017年9月に「宇宙資源活動に関する国際枠組みの発展についての基本要素（草案）」（以下、「基本要素（草案）」という）を公表した。そして、2019年11月には、基本要素（草案）のパブリックコメントの手続を経て、「宇宙資源活動に関する国際枠組みの発展についての基本要素」（以下、「基本要素（最終要項）」という）を公表している。

　基本要素（最終要項）は、国際枠組みにおいては、宇宙資源に対する権利（resource rights）が合法的に獲得され、かつ、そのような権利に関する国家間の承認が確保されるべきであると規定しており、宇宙資源に対する権利を明示的に肯定している点に大きな特徴がある[29]。

　また、基本要素（最終要項）と宇宙条約との関係について、基本要素（最終要項）の解説書（commentary）[30]は、以下のように説明している。

＊28　https://www.universiteitleiden.nl/en/law/institute-of-public-law/institute-of-air-space-law/the-hague-space-resources-governance-working-group
＊29　「BUILDING BLOCKS FOR THE DEVELOPMENT OF AN INTERNATIONAL FLAME-WORK ON SPACE RESOURCE ACTIVITIES」8. Resource rights

（ⅰ）**宇宙条約1条1段落との関係**　「月その他の天体を含む宇宙空間の探査及び利用は、すべての国の利益のために、その経済的又は科学的発展の程度にかかわりなく行なわれるものであり、全人類に認められる活動分野である。」と規定している宇宙条約1条1段落との関係では、この規定の目的を実現するため、基本要素（最終要項）13条で以下のように規定されている。13.2条の規定から分かるとおり、途上国への金銭的利益移転の強制を求めているわけではないという点が注目に値する。

13.1 Bearing in mind that the exploration and use of outer space shall be carried out for the benefit and in the interests of all countries and humankind, the international framework should provide that States and international organizations responsible for space resource activities shall provide for benefit-sharing through the promotion of the participation in space resource activities by all countries, in particular developing countries. Benefits may include, but not be limited to enabling, facilitating, promoting and fostering:（宇宙空間の探査および利用は、すべての国および人類の利益のために行われなければならないことを念頭に置き、国際的な枠組みは、宇宙資源活動に責任を持つ国および国際機関が、すべての国、特に発展途上国による宇宙資源活動への参加を促進することを通じて、利益を共有することを提供することを規定すべきである。利益には、以下のものが含まれるが、これらに限定されるものではない）（中略）

13.2 The international framework should not require compulsory monetary benefit-sharing.（国際的な枠組みでは、強制的な金銭の利益分配を求めるべきではない）

13.3 Operators should be encouraged to provide for benefit-sharing.（事業者は、利益分配の提供をすることを奨励されるべきである）

（ⅱ）**宇宙条約1条2段落および9条との関係**　「月その他の天体を含む宇宙空間は、すべての国がいかなる種類の差別もなく、平等の基礎に立ち、かつ、国際法に従って、自由に探査し及び利用することができるものとし、また、天体のすべての地域への立入りは、自由である」と規定している宇宙条約1条2段落および「条約の当事国は、月その他の天体を含む宇宙空

*30　https://boeken.rechtsgebieden.boomportaal.nl/publicaties/9789462361218#152

間の探査及び利用において、協力及び相互援助の原則に従うものとする」
と規定する宇宙条約9条との関係では、これを主要な法的根拠として、基
本要素（最終要項）8.1条および8.2条は以下の通り規定している。

> 8.1 The international framework should ensure that resource rights over
> raw mineral and volatile materials extracted from space resources, as
> well as products derived therefrom, can lawfully be acquired through
> domestic legislation, bilateral agreements and/or multilateral agree-
> ments.（国際的枠組みは、宇宙資源から採取された原料および揮発性物質なら
> びにそれから得られた商品に関する資源権が、国内法令、二国間協定および／[31]
> または多国間協定を通じて合法的に獲得されることを確保すべきである）
> 8.2 The international framework should enable the mutual recognition
> between States of such resource rights.（国際的枠組みは、そのような資源
> 権についての国家間の相互承認を可能にすべきである）

　(iii) 宇宙条約2条との関係　　いわゆる専有禁止原則を定める宇宙条約2
条との関係では、基本要素（最終要項）8.3条は、以下の通り、国際的枠組
みは、宇宙資源の利用が、宇宙条約条2条に基づく専有禁止原則に従って
行われることを確保すべきであると規定している。[32]

> 8.3 The international framework should ensure that the utilization of
> space resources is carried out in accordance with the principle of non-
> appropriation under Article II OST.（国際的枠組みは、宇宙資源の利用が、
> 宇宙条約2条に基づく専有禁止原則に従って行われることを確保すべきである）

＊31　最終的に宇宙資源に付与される権利をどのような法的内容にするかは、ワーキング
　　　グループが決めることではないという理由から、「財産権（property rights）」の代わり
　　　に「資源権（resource rights）」という用語が選択された。
＊32　基本要素（最終要項）8.3条が、単に専有禁止原則のみに言及すべきか、あるいはそ
　　　れを超えて宇宙条約2条に言及すべきかという点については議論が生じていた。宇宙
　　　条約2条に言及することがためらわれたのは、①すべての国が宇宙条約の締約国であ
　　　るわけではないこと、また、②宇宙条約が将来改正される可能性もあり、これに言及
　　　していた規定の妥当性も損なわれる可能性があることが指摘されていたからである。
　　　最終的には、宇宙条約2条が、国際慣習法化されていると学者や各国から一般的に認
　　　識されていることを理由として、ハーグWGは、宇宙条約2条への言及を維持するこ
　　　とを決定した。

6. 宇宙資源開発に関する実務上の問題

　宇宙資源開発ビジネスを行おうとする企業としては、まず、そもそも自らの資源取得活動に何法が適用されるのかについて留意する必要がある。この点、資源取得の適法性については、資源取得活動に対して許可を出した国の法が適用になると考えることが一般的であると思われる。したがって、資源取得をする宇宙機の打上げについて、仮に宇宙資源の私人による所有権を保障する国内法が存在しない国の法律に基づき許可を取った場合には、事業上のリスクが存在することになる。取得した宇宙資源を第三者から盗まれたり毀損されたりしたとしても、資源取得者の利益は当該国において保護されない可能性がある。[*33] 他方、私人による宇宙資源に関する権利が認められている各国の法の下で宇宙資源を取得しようと思っても、上記の通り、現状ではたとえば米国法上は宇宙資源開発の許可制度についての立法がなされておらず、そもそも米国で許可をとることができないことに留意が必要である。

　また、取得した後に譲渡する場合、まず、譲渡に何法が適法されるかについては契約の準拠法を何法にするかという問題がある。この点、譲渡の有効性を確保するためには宇宙資源の譲渡の有効性が認められている国の法律を準拠法とすべきであるが、たとえば、売主も買主も非米国の企業である場合に米国法を選択することが、準拠法選択として認められるかという問題もある。そして、譲受人が譲り受けた宇宙資源の所有権が保護されるかについては、譲受人の所在地法の問題となろう。

　このように、現状では、宇宙資源開発事業者は、宇宙資源取得にあたり、①許可をどの国で取るか（すなわち、どの国で事業を展開するか）、②宇宙資源譲渡契約の準拠法選択、③宇宙資源譲渡先の所在国などを考慮して、その事業リスクを見極める必要があるといえる。

[*33] これまでは日本においても同様のリスクが存在したが、宇宙資源法の成立により、立法上の問題は解決されたことになる。

第6節　民間有人宇宙飛行

1.　民間有人宇宙飛行の歴史

◆(1) 過去の事例　　過去に民間人が宇宙飛行をした例としては、従前はロシアのソユーズ宇宙船により国家の運営する宇宙ステーションに短期滞在した例が10程度存在するだけであった（図表2-6-1）[*1]が、近年は、サブオービタル機を含む新型有人宇宙船の開発が進み、2021年7月には、テスト飛行において、Blue Origin 社の New Shepard 宇宙船が同社創業者のジェフ・ベゾス氏を含む4名[*2]を乗せて、また、Virgin Galactic 社の Space-Ship Two 宇宙船が同社創業者のリチャード・ブランソン氏を含む民間人数名を乗せてサブオービタル飛行を行い、2021年9月には SpaceX の有人 Dragon 宇宙船が民間人4名を乗せてオービタル飛行を行った。さらに2021年10月には、ＳＦドラマ『スタートレック』の「カーク船長」で知られる俳優のウィリアム・シャトナー氏ら4名[*3]が New Shepard 宇宙船でサブオービタル飛行を行った。

◆(2) 今後行われる民間有人宇宙飛行　　今後行われる民間有人飛行としては、オービタル飛行、ISS への滞在、民間宇宙ステーションへの滞在、月周回飛行、月面ホテルへの滞在が考えられる。

　(i) サブオービタル飛行　　サブオービタル飛行とは、国際民間航空機関の定義によれば「超高高度以上への飛行であって、機体を軌道に乗せるものではないもの」とされるが、現在、サービスとして提供が予定されているサブオービタル飛行は、一般に「地上から出発し、宇宙空間と一般的に呼称される高度100キロ程度まで上昇後、地上に帰還する飛行」を指すものとされ、国土交通省所管の「サブオービタルに関する官民協議会」でも

---

*1　そのうち複数回宇宙飛行をしたのは、チャールズ・シモニー氏のみである。
*2　ベゾス氏の弟でニューヨークの慈善団体ロビンフッドの上級副代表マーク・ベゾス氏、宇宙開発の先駆者であるウォリー・ファンク氏、史上最年少（18歳）の宇宙飛行経験者となったオリヴァー・デーメン氏も搭乗した。
*3　ウィリアム・シャトナー氏は、史上最高齢（90歳）の宇宙飛行経験者となった。

時期	滞在先（宇宙船）	名前
1990年	ミール（ソユーズ）	TBS記者秋山豊寛
2001年	ISS（ソユーズ）	デニス・チトー
2002年	ISS（ソユーズ）	マーク・シャトルワース
2005年	ISS（ソユーズ）	グレゴリー・オルセン
2006年	ISS（ソユーズ）	アニューシャ・アンサリー
2007年	ISS（ソユーズ）	チャールズ・シモニー
2008年	ISS（ソユーズ）	リチャード・ギャリオット
2009年	ISS（ソユーズ）	チャールズ・シモニー（2回目）
2009年	ISS（ソユーズ）	ギー・ラリベルテ
2021年	ISS（ソユーズ）	クリム・シペンコ／ユリア・ペレシルド
2021年	ISS（ソユーズ）	前澤友作／平野陽三（予定）

図表 2-6-1　宇宙ステーションを訪問した民間宇宙飛行士

同様の定義が用いられている。サブオービタル飛行では数分間の無重力状態を体験することができる。このサブオービタル飛行に関しては、現在、米国の Virgin Galactic 社や Blue Origin 社などが開発・計画の先端を走っている。

　リチャード・ブランソン氏が設立した Virgin Galactic 社は親機の飛行機である White Knight Two が上空で SpaceShip Two 宇宙船を発射する形態によるサブオービタル飛行を計画している。同システムの開発は2014年に発生したテストパイロットの死亡事故などにより大幅に遅れが生じたものの、その後同社のテスト機 VSS Unity はニューメキシコ州のスペースポート・アメリカで創業者のリチャード・ブランソン氏らを乗せて2021年7月に4度目の有人飛行に成功し、高度約80km超まで到達している。同社は、すでにFAAから乗客を乗せて飛行する許可を得ており[*4]、2022年から商業運用を開始予定である。同社は2019年10月28日にニューヨーク証券取引所に上場している。他方、アマゾン・ドット・コム創業者のジェフ・ベゾス氏が設立した Blue Origin 社は、New Shepard 宇宙船によるサブオービタル飛行を計画している。2021年7月にテキサス州の

＊4　https://www.virgingalactic.com/articles/virgin-galactic-receives-approval-from-faa-for-full-commercial-launch-license-following-success-of-may-test-flight/

施設からジェフ・ベゾス氏本人らを乗せて有人テスト飛行に成功し、高度100 km 超まで到達している。

　日本においても、PD エアロスペース株式会社や株式会社 SPACE WALKER がサブオービタル飛行の商業化を目指している。

　(ii) オービタル飛行　　サブオービタル飛行では、宇宙空間に滞在する時間・無重力を体験できる時間が数分程度に限られるため、本格的な宇宙旅行を体験するためには、少なくとも地球軌道を周回するオービタル飛行を行う必要がある。SpaceX 社は、2021 年 9 月に、有人 Dragon 宇宙船を使って、Inspiration4 というプロジェクト名で呼ばれる民間有人宇宙飛行を行った。同プロジェクトでは民間人 4 人のクルーが地球軌道を複数回周回し、約 3 日間宇宙に滞在した。また、Virgin Galactic 社なども将来的にはオービタル飛行の実現を目指し、事業開発を進めているとのことである。

　(iii) ISS への滞在　　ISS への民間人の訪問は、ISS パートナー間で割り振られている宇宙飛行士滞在枠の中で、参加国・機関が民間人と契約を締結し、当該枠を提供することによって可能となっている。ISS 計画の延長により、ISS は今後も民間宇宙飛行士を積極的に受け入れる予定であることから、少なくとも次に挙げる宇宙ホテルが実現するまでは、従来行われていたような ISS に滞在する宇宙旅行も引き続き行われるであろう。実際に、2021 年 10 月、ロシアの映画監督クリム・シペンコ氏と女優ユリア・ペレシルド氏がロシアのソユーズ宇宙船を使って ISS を訪れ、宇宙での初の映画撮影を行った。また、2021 年末には日本人起業家の前澤友作氏がロシアのソユーズ宇宙船を使って、さらに 2022 年には米国 Axiom Space の計画（「Axiom Mission 1」と呼ばれている）に基づき 4 人の民間人が SpaceX 社の有人 Dragon 宇宙船を使って ISS に訪問予定であることが報

＊5　商業化後のサブオービタル飛行のチケットは、数千万円程度になることが想定されているが、この有人テスト飛行では搭乗権のオークションが行われ、当該オークションの落札価額は 2800 万ドル（約 30 億 7000 万円）であったと報じられている。

＊6　https://inspiration4.com/

＊7　このような民間宇宙飛行士を一般に「宇宙飛行参加者（space flight participant）」と呼ぶ。

じられている。

　(iv)　**地球軌道上の宇宙ホテル**　　現在の民間宇宙飛行では、ISS など国営の宇宙ステーションに滞在するしかないが、民間の宇宙ステーションや軌道上の宇宙ホテルを作る計画もある。米国の Bigelow Aerospace 社は2016 年 5 月にテストモジュール BEAM を ISS にドッキングさせた。さらに、直径 6.7 m、全長 16.8 m の B330 という大型モジュールを近年中に打ち上げる予定であり、この B330 は内部に居住スペースがあり、宇宙ホテルとしての活用が期待されている。さらに将来的には、ISS の 2.4 倍の広さをもつ、より巨大な B2100 という宇宙ステーションの打ち上げも計画している。また、Blue Origin 社は、2020 年代後半に Sierra Space 社とともに宇宙旅行者も受け入れる民間の宇宙ステーション Orbital Reef を建設する計画を発表している。

　(v)　**月周回飛行**　　SpaceX 社が火星への入植に向けて開発中の超巨大なSuper Heavy ロケットと Starship 宇宙船の組み合わせにより、SpaceX 社は 2023 年から民間月周回旅行を行うことを目指している。また、過去のISS への宇宙旅行をすべてアレンジした米国の Space Adventures 社は、ロシアの宇宙船を利用して、乗員（クルー）1 名、乗客 2 名から成る ISS 訪問後月を周回して地球に帰還する旅行の参加者を募集している。

　(vi)　**月面ホテル**　　月面ホテルの実現は比較的まだ先であると思われるが、清水建設やグローバルホテルチェーンなどがコンセプトを検討中である。

2. 民間有人宇宙飛行に適用される国際宇宙法

◆**(1) 宇宙の定義**　　国際宇宙法の適用対象となるためには、宇宙に行く必要があることは明らかであるが、実際のところ、法的にどこからが「宇宙」であるかについては実は明確ではない。国際航空連盟（FAI）は、高度100 km 以上を宇宙空間と定義しており、一般的にも高度 100 km 以上を宇宙空間と呼称することが多いようである（空間説）が、法律の適用関係は物理的な場所ではなく、その活動自体の目的や機能で判断されるべきと

考える説（機能説）などもあり、現状国際的な合意は形成されておらず、国連宇宙空間平和利用委員会（COPUOS）では、宇宙空間の境界画定が依然として継続議題となっている。

　この問題は、どこまでが「空法」の適用領域で、どこからが「宇宙法」の適用領域かという点で実務上も問題となる。具体的には、宇宙空間に関しては、宇宙条約1条によって、宇宙活動の自由が定められている一方、「空」の領域には領空という概念があるために、各国における事前通報等の規制が義務づけられる可能性がある。また、サブオービタル機を念頭に置くと、それを航空法上の「航空機」と位置づけるのであれば、政府の耐空証明（安全保証）が必要となる一方で通常の空港を使用することが可能であると考えられるが、「航空機」とは異なる「宇宙機」として位置づけるのであれば、航空法の適用がない結果、通常の空港が使えないのみならず、サブオービタル機の離発着につき規制法も根拠法も存在しないという状況になるという問題もある。

　宇宙空間での活動に対する法制度を柔軟に設計するという観点からは、高度で画一的に適用法を分けるのではなく、当該活動ごとに適用されるルールを検討することが望ましいと考えられており、宇宙活動国の多くは機能説の立場をとっているといわれる。

　いずれにしても、空と宇宙の境界につき国際的な合意が取れていないことによって、適用される法律・条約が厳密には定まらないことは不都合であるため、民間有人宇宙飛行を含む宇宙空間を利用するビジネスを行う前提として、早急に国際合意を形成すべき論点といえる。

◆**(2) 民間有人宇宙飛行に適用される条約**　　民間有人宇宙飛行については、その事業者、乗員（クルー）、乗客（旅行客）に宇宙条約を初めとする諸条約がそれぞれどの程度適用されるのかについて検討する必要がある。

　(i) 宇宙条約　　まず、乗客および乗員について、宇宙条約5条は、「条約の当事国は、宇宙飛行士を宇宙空間への人類の使節とみなし（regard astronauts as envoys of mankind in outer space）、事故、遭難又は他の当事国の領域若しくは公海における緊急着陸の場合には、その宇宙飛行士にすべての

可能な援助を与えるものとする。宇宙飛行士は、そのような着陸を行ったときは、その宇宙飛行士の登録国へ安全かつ迅速に送還されるものとする。いずれかの当事国の宇宙飛行士は、宇宙空間及び天体上において活動を行うときは、他の当事国の宇宙飛行士にすべての可能な援助を与えるものとする。」としており、締結国には宇宙飛行士の事故、遭難、緊急着陸等の場合の援助義務、また、宇宙飛行士には宇宙飛行士同士の助け合い義務を課している。もっとも、自らお金を払って宇宙旅行に行く一般民間人の乗客が、自分が「人類の使節」であるとの自覚をもっている場合は少ないであろう。宇宙条約が制定された時代は、宇宙事業は専ら国家の事業であったために上記のような条約上の取り決めがなされたが、宇宙条約における宇宙飛行士に民間有人宇宙飛行における乗客や乗員が含まれるのかどうかは文言上必ずしも明確ではなく、民間事業者が企画する民間有人宇宙飛行においては、海外旅行と同様に事業者による対応が中心となると考えて、民間有人宇宙飛行の乗客および乗員を宇宙条約上の宇宙飛行士とは異なるものと整理する見解もあるところである。もっとも、相互援助義務については、人道的見地から、宇宙飛行士であるか民間人であるかで差異をもたらすべきではないとして民間有人宇宙飛行の乗客および乗員にも同条の適用があるとする説が有力である。

　次に、事業者について、宇宙条約6条は、「条約の当事国は、月その他の天体を含む宇宙空間における自国の活動について、それが政府機関によって行われるか非政府団体によって行われるかを問わず、国際責任を有し、自国の活動がこの条約の規定に従って行われることを確保する国際的責任を有する。月その他の天体を含む宇宙空間における非政府団体の活動は、条約の関係当事国の許可及び継続的監督を必要とするものとする。」と定めている。また、宇宙条約8条は「宇宙空間に発射された物体が登録されている条約の当事国は、その物体及びその乗員に対し、それらが宇宙空間又は天体上にある間、管轄権及び管理権を保持する。」としている。このように宇宙空間における自国の活動においては、それが非政府機関によって行われる場合でも、政府が国際的責任を負い、許可および継続的監督を

行う義務がある。本規定を受け、各国は国内法において民間宇宙事業活動に対する許可・監督制度を定めることが必要となり、民間有人宇宙飛行の事業者は自らの国の許可・監督に服することになる。

　なお、宇宙条約 2 条が「月その他の天体を含む宇宙空間」を取得することを禁じており、これが同 6 条により加盟国の国民の活動についても及ぶこととの関係で、将来事業者が月面ホテルなどを建設したりする場合は、天体の土地の占有を伴うことから宇宙条約との関係でどのような整理をするのかが課題の 1 つとなる。

　(ii) 宇宙救助返還協定　宇宙救助返還協定は、上記宇宙条約 5 条を具体化し、1 条は、宇宙船の乗員（the personnel of a spacecraft）が事故に遭遇・遭難・不時着したことを知った場合の締結国の通報義務、2 条は、宇宙船の乗員が遭難等により着陸した場合の締結国の救助義務、4 条は、かかる宇宙船の乗員の引き渡しを規定しており、本条約が民間有人宇宙飛行の乗客および乗員に適用されるのかが問題となる。この点、これらの義務は宇宙飛行士の活動の公共性に基づき定められたものであるという経緯からすれば、私的な目的のために宇宙に行く民間有人宇宙飛行の乗客およびその乗客を運搬する乗員は「宇宙空間への人類の使節」ではなく、これらの義務を認めないと考えることもできなくもない。もっとも、多数説は本条約では「宇宙船の乗員」という用語が用いられていることや、人道的見地からその適用を認めている。

　(iii) 宇宙損害責任条約　宇宙損害責任条約 3 条は、「損害が、一の打上げ国の宇宙物体又はその宇宙物体内の人（persons......on board）若しくは財産に対して他の打上げ国の宇宙物体により地表以外の場所において引き起こされた場合には、当該他の打上げ国は、その損害が自国の過失又は自国が責任を負うべき者の過失によるものであるときに限り責任を負う。」として、地表以外の場所において自国の宇宙物体が外国の宇宙物体の乗員や財産に損害を加えた場合の過失責任の原則を規定している。そこで、民間宇宙飛行機やその乗員・乗客が宇宙空間で他国（A 国）の宇宙機や人工衛星と衝突するなどの事故が発生したした場合、A 国は同条の責任を負う

かが問題となる。この点、同条が「宇宙物体内の人」という用語を用いていることから、適用があると思われるが、宇宙旅行や民間宇宙利用が活発に行われるようになって民間機同士の事故が発生したときに、本条約に従い締結国の責任とすべきかどうか（たとえば、民間の飛行機同士が公海上を飛行中に事故を起こした場合と比較して異なる扱いをするべきか）については、検討の余地があろう。また、たとえば民間宇宙飛行機の通信に外国の通信が混線した結果損害が生じた場合に同条の適用があるかが問題となるが、多数説は本条にいう損害は物理的接触による損害に限るとしており、上記の事例では損害が認められないことになる。さらに、本条における「損害」の範囲・額が問題となるが、損害に慰謝料や逸失利益が含まれるかについて見解は一致しておらず、損害額の算定方法も不明確であることから、将来実際に事故が生じた場合にはこれらの点が問題となろう。

3. 日本における国内法整備の現状と課題

◆（1）宇宙活動法の適用　　民間宇宙飛行機の打上げは、当該宇宙飛行機が宇宙活動法上の「人工衛星等」に該当すれば、同法の規制対象となり、同法に基づく許可の対象となる（同法４条）。もっとも、「人工衛星等」に該当するためには、「地球を回る軌道若しくはその外に投入」する必要がある（同２条２号）ところ、民間有人宇宙飛行に使われるサブオービタル機の場合は地球の周回軌道やその外には投入されないためこれに該当しない。[*8]

　そのため、有人のサブオービタル飛行については、宇宙活動法の適用対象外と整理されるが、これは、宇宙活動法上制定時に、サブオービタル飛行に関して、当面は、航空法134条の３第２項に基づく国土交通大臣への通報制度、火薬取締法等の関係法令や自主規制に委ねるというという立法者意図であったことによるとされる。かかる自主規制としては、一般社団

---

　*8　これとは異なり、人工衛星を打ち上げるためのサブオービタル機（いわゆる人工衛星投入機）については、これを「打上げ用ロケット」と位置づけて、宇宙活動法の規制対象とすべきであるという見解も存在する。

法人日本航空宇宙工業会の「弾道ロケット打上げ安全実施ガイドライン」があり、現状はこれらの関係法令や自主規制にしたがって打上げがなされているが、これらの規制はサブオービタル機による有人飛行を想定したものとはいえず、サブオービタル機の乗員・乗客の安全性を担保しているものとはいえない。有人のサブオービタル飛行にあたっては、宇宙飛行機の乗員・乗客の安全性を担保する基準が検討される必要がある。

　現在、内閣府においてサブオービタル飛行に関する官民協議会が設置されており、サブオービタル飛行に関する必要な環境整備の検討が行われている。この官民協議会では、株式会社 PD エアロスペースの無人サブオービタル機（PDAS-X07）の実証実験に向けて、安全確認の役割分担が公表されている*9。この安全確認分担では、実証機のうち「ジェット推進部分」は航空機等と同様の規制を適用し（国交省主管）、「ロケット推進部分」については観測ロケット等と同様の規制（内閣府主管）を及ぼすとの判断が示されているが、あくまで安全確認に関する主管官庁の線引きをしたにとどまり、具体的な法令適用についての見解を示したものではないと考えられている。

◆(2) サブオービタル飛行と航空法　　サブオービタル飛行については、航空法との関係で以下の論点がある。まず、サブオービタル機は航空法に基づく「航空機」に該当するかというと、航空法上「航空機」は「人が乗って航空の用に供することができる飛行機、回転翼航空機、滑空機、飛行船その他政令で定める機器」（航空法2条1項）と定義されているものの、「航空」の定義がなされていないため、サブオービタル機が「航空機」に該当するか否かは必ずしも明らかではない。この点、日本も批准している国際民間航空条約（シカゴ条約）では、航空機を「大気中における支持力を、地表面に対する空気の反作用以外の空気の反作用から得ることができる一切の機器」と定義しているので、ロケットエンジンを使うサブオービタル機は通常「航空機」に該当しないと考えられる。航空法の「航空機」も同様に考えるとすると、サブオービタル機は航空法の適用対象ではないこと

---

*9　https://pdas.co.jp/documents/Press_201009.pdf

になる。仮にサブオービタル機が「航空機」に該当するとしても、既存の航空機と同水準の耐空証明を取得することは困難であると思われる。

　サブオービタル機が航空法上の「航空機」に当たらないと整理すると、次に、航空法134条の3第1項の適用の有無が問題となる。同項は、航空機の飛行に影響を及ぼすおそれのあるロケット（同法上特に定義はされていない）の打上げを原則禁止とした上で、国土交通大臣が航空機の飛行に影響を及ぼすおそれがないものであると認め、または公益上必要やむを得ず、かつ、一時的なものであると認めて許可をした場合に例外として認めている。この点、サブオービタル飛行をビジネスとして行うとすれば、公益上必要やむを得ないとも一時的なものであるとも言い難いであろう。なお、「航空機」でないと現状の空港管理規制および空港管理条例上、空港を離着陸に利用することはできない結果、少なくとも水平型のサブオービタル機については、離発着を行うことができない。したがって、水平型のサブオービタル機については、「航空機」に該当しないと整理する場合には、スペースポートを別途整備するか、空港管理規則等の改正が立法上必要とされるところである。

4. 米国における国内法制

　1984年商業宇宙打上げ法（CSLA）が規制対象とする「宇宙機（launch vehicle）」は、「宇宙空間において運用しまたは宇宙空間にペイロードもしくは人間を配置するために建設された機体及びサブオービタル・ロケット」を意味するとされ、[*10] また「発射（launch）」はサブオービタル飛行を含むとされており、[*11] サブオービタル飛行も商業宇宙打上げ法に基づく打上げ許認可の対象とされている。同法に基づく許認可制度は運輸省連邦航空局（FAA）が策定した安全管理規則（14 C.F.R. § 411以下）による（図表2-6-2参照）。許可権は実際には、下位機関である商業宇宙輸送局（AST: Associate Administrator for Commercial Space Transportation）に委任されている。AST は

---

*10　51 U.S.C. § 50902 (11)
*11　51 U.S.C. § 50902 (7)

許可等取得義務者	(i)米国市民（米国法に基づいて存在する団体）、(ii)米国の領域内で上記対象行為をする者、(iii)米国の管轄権に基づかずに存在しているが米国市民が支配的利権を有する団体、(iv)外国との打上げ協定によって米国の管轄権行使が規定されている場合には、当該外国において対象行為を行う米国市民。
許可等取得方法	運輸局長に対する申請。ただし、審査機関は AST に委任。
許可等制度枠組み	14 C.F.R. における規律は、免許制度、許可制度および認証制度の3つのカテゴリに分かれており、打ち上げる機体が使い捨て型か再使用型かどうかや、宇宙輸送（宇宙旅行を含む）を行うかどうかによって、必要となる許可手続は異なる。 商業宇宙旅行との関係では、14 C.F.R. のうち Part 413, 415, 417（ロケット打上げに関する免許制度）、Part 414（宇宙輸送に係る製品・システム・人に対する安全承認）、Part 460（有人宇宙旅行に関するシステム関連要求事項）が特に重要である。
許可要件	許可要件としては、公衆衛生および公衆の安全確保のための宇宙機の安全基準適合性に加え、国家安全保障上の審査が必要となる。そしてこれらの要件は、打上げ機のみならず、ペイロード（搭載物）についても満たすことが必要である。また、第三者に損害を加えた場合の責任保険の付与（またはこれを補填しうるだけの財産の確保）および宇宙飛行参加者に対して宇宙機の安全記録やリスク等を説明し、これに同意していること（インフォームド・コンセント）も要件となっている。

図表 2-6-2　安全管理規則（14 C.F.R. § 411 以下）に基づく許認可制度の概要

Pre-application Consultation 等の制度を通じて商業宇宙活動を支援する機能もある。

　また、商業宇宙打上げ法上、宇宙旅行の乗客は、宇宙飛行参加者（space flight participant）と定義されて乗員[*12]（crew）[*13]と区別されており、宇宙旅行の存在が想定されている。民間有人宇宙飛行の安全性については Commercial Space Transportation Advisory Committee に具体的な基準作成が委ねられている。[*14]

5. 宇宙旅行契約

　宇宙旅行サービスが提供されるようになった場合の契約関係としては、Virgin Galactic 社や SpaceX 社のような運行者（オペレーター）と乗客の間の契約がまず考えられるが、他に旅行代理店を通じて予約が可能になっている場合には、旅行代理店と乗客の間の契約、旅行代理店とオペレーターの間の契約などが追加で締結されることになろう。なお、日本国内でも株式会社クラブツーリズム・スペースツアーズが日本国内において宇宙旅行の代理店業務を開始している。これらの契約実務についてもまだ実務の集

---

*12　51 U.S.C. § 50902 (20)
*13　51 U.S.C. § 50902 (2)
*14　51 U.S.C. § 50905 (c)(5)-(9)

積は乏しく、今後発展していく分野であると考えられるが、以下では契約実務上論点となりうる点を検討する。

◆（1）宇宙旅行契約の性質　　宇宙旅行契約は、旅客運送契約の一種であるが、基本的には契約自由の原則により当事者間の合意した内容での契約が成立する。もっとも、契約一般において当てはまるとおり、契約自由といえども、強行法規に反した合意は無効となる。そこで、宇宙旅行契約において適用のあり得る強行法規としてどのようなものがあるかを検討する。

　第1に、オペレーターの完全な免責条項の有効性が問題となる。この点、日本においては、消費者契約法の適用があり、完全な免責合意は無効（同法8条）となる。米国においても同様の議論があるが、フロリダ州、ニューメキシコ州、カリフォルニア州など宇宙ビジネスの盛んな一部の州ではインフォームド・コンセント法が制定されている[15]。これは、商業宇宙打上げ法により要求されるインフォームド・コンセントとはまた別のものであり、事前に宇宙旅行に伴う危険を開示することで、オペレーターの責任免除規定を有効とするものである。なお、このインフォームド・コンセントについては、宇宙旅行の参加者が事前に危険性を理解した上で同意することが免責の要件となるが、ロケット技術は軍事転用される危険性があることからも、外国人が旅客である場合には当該情報は輸出管理の対象情報となる可能性がある点に留意が必要である[16]。

　第2に、契約締結の媒介や取次ぎを行う代理店には、日本では旅行業法の適用があると考えられ、同法上の強行規定の適用が考えられるが、旅行業法において宇宙旅行は現状想定されていないため、法改正を含めた検討が必要になるものと思われる。

◆（2）宇宙旅行契約のポイント　　宇宙旅行契約といっても、対象となる宇宙旅行が、①安定定期運行をしており宇宙滞在時間も短いサブオービタル飛行やオービタル飛行なのか、それとも長期間に及びまだ定型化されていないISSや月に行くようなカスタム・メイドなフライトか、②ISSな

＊15　たとえば、フロリダ州のFla. Stat. § 331.501参照。
＊16　この点は、今後の立法上の課題といえる。

ど各国の宇宙機関が運用するステーションや宇宙船を利用するか、それともすべて民間のステーションや宇宙船を利用するか、などによってその内容が変わってくる。

　以下では、近い将来、少なくとも数日にわたって宇宙ステーションや月周回軌道に行くような長期間のフライトを念頭に置き、オペレーターと乗客の間の契約において行き先が宇宙であることにより特に交渉上の論点となりうる点（通常の契約交渉において論点となるような点は省略する）を述べる。

　(i) **参加要件に関する事項**　　オペレーターにとって、顧客が宇宙旅行に参加できるための要件を規定しておくことが重要となる。具体的には、宇宙旅行に参加するための最低限の要件として、年齢、身体的要件（体重、身長、体格）および医学的要件（過去の手術等の履歴、現在の身体的健康・精神的健康）が必要であることについては異論がないと思われるが、具体的にどの程度の基準を設けるかについては、搭乗する宇宙船の種類や宇宙旅行の行き先・期間などにもよる。医学的要件の充足は、事前に詳細なメディカル・チェックを経ることになるので、かかるプロセスの詳細、費用負担、クリアすることが必要な項目・内容、メディカル・チェックに不合格となった場合の取扱いについて後日紛争にならないよう、契約上明確に規定することが必要であろう。

　その他の要件としては、狭い空間での共同生活となり、また、緊急事態なども想定され得ることから、社会性の要件（すなわち、乗員や他の乗客と共同作業ができるか、また、乗員の指示に従うことができるか）を求めることが考えられる。また、搭乗する宇宙船がどこの国の構成要素（モジュール）であるか、宇宙旅行の行き先がどこの国のものであるか、乗員が何語を話すか等により、一定の語学要件（特に英語）を付することが考えられる。それに加えて、最低限の機器の操作、宇宙の環境の理解、緊急脱出等ができなければならないので、学歴要件や成績要件（学力テスト等）を設けるかについても一考を要するが、複雑な機器を操作することが要求されるような場合でない限り、通常は必要ないと思われる。

　以上は積極的な要件であるが、オペレーターとしては乗客が宇宙飛行に

相応しくないと考えられる場合に、乗客の搭乗を拒否する権利を確保しておくことが必要であろう。かかる搭乗拒否権が発動される場合としては、宇宙船、乗員、他の乗客などの搭乗者に危害を加えるおそれがある場合などが考えられる。また、宇宙旅行の行き先が ISS の場合は、NASA・ESA・JAXA などの ISS パートナーの自由な裁量による搭乗拒否権があるので、ISS パートナーが搭乗拒否権を行使した場合には搭乗できない旨を規定することも必要となる。

　(ii) スケジュールに関する事項　　乗客にとって、ローンチがいつになるかは極めて重要な事項である。したがって、ローンチ予定日はなるべく具体的に記載し、当該ローンチ予定日を実現することをオペレーターが約束してくれることが乗客にとっては望ましい。しかし、ロケットの打上げは、開発スケジュールの遅延、予想外の不具合の発生、気象状態その他様々な理由によりなかなか予定どおり行われないことが常であるから、オペレーターはスケジュール通りに飛ばすという約束はしないことが通常であり、スケジュールについて義務を負担するとしても一定の弱い努力義務のみとすることが多い。一方、逆に機体の準備ができているのにローンチスケジュールが遅延すると、オペレーターには機体の準備状況の維持にかかる費用など追加の経済的負担がかかるため、乗客側の理由による遅延の場合はオペレーターが乗客に対して遅延に関する補償義務を負担させることがある。

　(iii) トレーニングに関する事項　　現時点では、民間宇宙飛行士であっても加速度への順応、緊急脱出、不時着の場合のサバイバル、機器の操作、無重力における日常生活等に関する最低限のトレーニングをしないと宇宙に行くことはできない。そこで、オペレーターにとっては乗客が十分な期間・内容のトレーニングに参加し、テストに合格することをローンチへの参加の条件とする必要がある。そこで、契約書には、必要となるトレーニングの内容および達成すべき指標ならびにこれらを達成できなかった場合の取扱いをなるべく客観的に明記することが望ましい。他方、乗客にとっては、トレーニングの期間中は時間的な拘束をされることになるが、乗客

はプロの宇宙飛行士ではなく民間人であり、通常の仕事をしていることもあることから、トレーニングのスケジュールがあらかじめ明確に決まっており、また仕事との兼ね合い等によって予定変更等が柔軟にできることが望ましい。そこで、契約書上は、乗客がトレーニングに参加する義務および完了する義務が定められるとともに、その期間、密度、乗客都合による予定変更の可否などが論点になる。また、トレーニングには、耐加速度訓練、緊急脱出訓練、水中訓練などハードなものが含まれることも想定されることから、あらかじめその内容を契約書等に定め、乗客が参加することについてのリスクの確認および同意を取得するとともに、トレーニングが行われる言語なども定めておく必要があろう。

(ⅳ) **代金支払に関する事項**　代金の支払方法としては、宇宙ビジネス関連の契約に多い分割払いとされることが多いと思われる。その際に、第1回目の支払は契約締結時になると思われるが、第2回目以降の支払を宇宙船等の開発に応じたマイルストーン支払とする場合には、各マイルストーンの定義が重要となる。また、代金に含まれるものがどこまでか（たとえば、後述の宇宙船に持ち込む私物の事前検査・認証にかかる費用、通信費用、地上での費用等）について明確にしておく必要がある。

　次に、一定の場合に返金を認めるかどうかが大きな論点となる。全部または一部返金を認める事由として検討対象となるのは、最初のメディカル・チェックに不合格になった場合、当初のメディカル・チェックに合格後フライトまでに生じた健康上の問題によりフライトが許可されなかった場合、トレーニングのテストに不合格となった場合、一定のミッション・プロファイルを満たさなかった場合（地球をＸ週、無重力をＸ分等）、参加者の帰責性なくして一定の時期までにフライトが実行されなかった場合等が一般的に考えられるが、宇宙旅行の目的や難易度によりその他テイラーメイドの返金事由を設けることも考えられる。また、参加者の自由な裁量による早期解約条項（解約の時期によって徐々に返金率が減少するのが通常であろう）を認めるかも論点となる。

(ⅴ) **オペレーターの責任限定**　宇宙旅行契約においても、打上契約その

他宇宙ビジネスに関するその他の契約と同様、関係者間においてはクロス・ウェーバーの原則が適用されることが一般的であると思われる[17]。したがって、オペレーターやロケット打上げ業者は、乗客の死亡、傷害、器物損壊等に関する責任は負わないのが通常である。

　なお、ロケット打上げ業者は、日本の場合、宇宙活動法により第三者に対する物的損害、身体傷害および死亡を補償範囲とする宇宙賠償責任保険を付保する義務があり、これらの保険でカバーされない第三者への賠償については政府補償があるものの[18]、この保険や政府補償は、乗員やその家族を補償対象に含まない。したがって、乗員としての参加者は自らで一定金額以上の保険を手配する必要があり、オペレーターとしてもクロス・ウェーバー条項の有効性確保と紛争防止の観点から、参加者に自ら保険を手配する義務を課すことが通常であろう。この際、保険会社は代位権の放棄をすることが求められる。

　(vi) 法令順守　　参加者は、オペレーターが事業を行う国における法令を遵守し、またオペレーターの法令遵守に協力することが必要となる。オペレーターが米国の事業者の場合、オペレーターが参加者に対してフライトの情報を提供することについて、武器国際取引に関する規則（通称「ITAR」。22 C.F.R. § 120-130）や輸出管理規制（通称「EAR」。15 C.F.R. § 730-774）などの法令の適用が生じる。たとえば、ITAR 上、高度に技術的な情報を非米国人が受け取る場合は、TAA（Technical Assistance Agreement）を締結して当局の承認を受けることが必要となり、この場合、TAA の条項違反には厳しい刑事・民事責任が生じるので留意が必要である[19]。

　また、参加者は商業宇宙打上げ法に基づき FAA により要求される米国に対するクロスウェーバーおよび州法により要求されるインフォームド・コンセントにサインする必要があるので、これらについても、契約書において対応することが考えられる[20]。

---

*17　少なくとも、米国法の下で打上げが行われる場合は、商業宇宙打上げ法に基づきクロスウェーバーが要求される（51 U. S. C. § 50914 (b)(B)(iii)）。

*18　米国等の諸外国もおおむね同様である。

*19　罰金の上限は、違反1件あたり100万ドルである。

（vii）**乗客の権利・ベネフィット**　①スポンサーの取り扱い　参加者としては高額な宇宙旅行費用の一部をスポンサーをつけることによって回収したいと考えることもあると思われるが、オペレーターとしてそれをどの程度許容するか、また許容するとした場合には、参加者とオペレーターの間でスポンサーシップから生じる利益の分配をどうするかについて合意する必要がある。

　②知的財産権の権利関係　参加者がトレーニング期間、フライト中、フライト後に自ら撮影した静止画や動画等の素材を、乗客が売却その他商業目的に利用可能か、また利用可能とする場合はその条件について、契約上きちんと定めておく必要がある。この場合、乗員や他の乗客等が写っている場合は、肖像権についての同意が必要になる点には留意が必要である。

　他方、オペレーターとしても、乗客の肖像が写っている自ら撮影した素材や乗客が撮影した素材をオペレーターがそのマーケティング活動その他の商業目的に利用したい場合については、その旨契約書に定めておく必要があろう。また、オペレーターによっては、乗員へのインタビュー映像の取得など一定のマーケティング活動への参加を求めたい場合もあると思われる。これらへの参加を任意で求めることも十分考え得るが、乗員の一定の協力義務を契約書に規定することも考えられる。

　③通信設備の使用　参加者は、宇宙にいる間も、地球にいる親族等と交信したり、SNS その他インターネット上でテキスト、画像、動画等を配信したいと考えることが想定される。現在は ISS でもインターネットの利用が可能であり、技術的には問題がない。もっとも、宇宙においては、地上に比べて通信容量が大幅に制限され、また、乗員がミッション・コントロール・センターとフライトに関する交信をする必要があり、乗客が通信可能な時間も限られる。そこで、参加者が通信できる容量・期間・時間等、また通信費がどこまでフライト代金に含まれているのかを契約書上合意しておくことが必要であろう。

＊20　14 C. F. R. Appendix E to Part 440 - Agreement for Waiver of Claims and Assumption of Responsibility for a Space Flight Participant.

④私物の持ち込み　　参加者は、宇宙に色々な私物を持ち込みたいと考えることが想定される。もっとも、性状（尖った部分がある等）、材料（ガラス等）等によっては地上においては問題がなくても宇宙に持っていくことが危険なものもあるので、宇宙に持ち込む私物については、事前にすべて当局等による厳しい検査・認証を受けることが必要となる。したがって、参加者が持っていきたい私物の重量や大きさの制限、事前の検査・認証のプロセスや費用負担等についても、契約書に規定しておく必要があろう。

　⑤地上での待遇　　参加者は、フライト前のトレーニング期間とフライト後の一定の検査期間は、施設にとどまることが必要となるため、その間における地上での待遇の内容、また、フライト代金の中にどこまでが含まれるか（たとえば、宿舎、食事、輸送、家族・友人等のローンチへの招待等）について、なるべく詳細に契約上明記しておくことが望ましい。

第7節　宇宙保険

1. 宇宙保険の概要

　ロケットおよび衛星の開発、製造、打上げおよび運用は、多額のコストがかかるとともに、打上げ失敗等の場合に第三者に発生する損害は甚大なものになりうる。そのため、打上げ失敗等のリスクが顕在化した場合の関係当事者の負担を担保するための仕組みとして、宇宙保険の需要がある。もっとも、宇宙保険は、自動車保険などの他の保険商品と比較して、事故が発生した際に損害状況を実際にみて査定することができず、他方技術情報が保険設計上極めて重要であることから、高い専門性が要求される。また、リスクが巨大であり、打上げの回数も事故の件数もまだ少ないことから、統計的安定性を得にくい分野である。そのため、日本国内で宇宙保険を引き受けている保険会社は、まだ大手の数社にとどまっており、全世界でも宇宙保険を引き受けている保険会社は、約30社にとどまる。

　そして、日本国内で宇宙保険を引き受けている保険会社は、引受けリスクの平準化と安定した保険引受けサービスの提供のため、日本航空保険プールを活用している。日本航空保険プールは、国内において航空保険の事業を行っている損害保険会社すべてが加入しており、その会員である保険者（元受保険会社）は、同プールが対象とする保険契約について、同プールが決定した保険料・料率により、自己の責任で元受契約を締結し、自己の名で保険証券を発行した上、引受額全額について同プールに再保険に付すこととされている。当該引受額は、所定の割合で同プールの会員に再分配されることとなる。日本航空保険プールの保有限度額を超過する引受リスクは、国際宇宙保険市場において再保険が手配されている。

　宇宙保険としては、従前は、ロケット打上げ事業者と衛星オペレーターに対する宇宙保険が主に提供されていたが、近年は、地球周回軌道上や月面での事業等を計画・実施している宇宙ベンチャー等新たな宇宙事業者に対する宇宙保険も提供されるようになってきている。

2. 宇宙保険の種類

　宇宙保険のうち、ロケット打上げ事業者と衛星オペレーターに対する宇宙保険として、物保険と第三者賠償責任保険がある。そして、新たな宇宙事業者に対する保険としてはその事業内容が多岐にわたるため、必要とされる宇宙保険も通常の保険と同様、それぞれの事業内容に応じたリスクをカバーするものが必要となる。たとえば、月面に物を輸送するのであれば運送保険に類した保険が必要になるであろうし、月面に建物を建てる場合は火災保険・地震保険に類した保険が必要になる時代も来るであろう。また、民間有人宇宙飛行についても、宇宙飛行やその準備行為により生命や健康が損なわれた場合に備え、海外旅行保険に類した宇宙旅行保険が必要となる。以下では、これらの宇宙保険のうち、物保険および第三者賠償責任保険と、宇宙旅行保険について述べる。

◆**(1) 物保険**　　物保険は、ロケットや人工衛星に発生する不具合や衝突などによる損傷から生じる損害（ロケットや人工衛星自体の経済的価値と関連費用）を塡補するものである。物保険には、打上げから運用までの段階に応じて以下のような種類がある。

　(ⅰ) **打上げ前保険**　　打上げ前保険は、ロケット等の打上げまでの各過程（ロケット・人工衛星の製造、保管、射場までの運搬、射場への搬入および打上げ準備）におけるロケット・人工衛星の滅失・損傷リスクを担保する。

　(ⅱ) **打上げ保険**　　打上げ保険は、打上げ時（ロケットの点火時）から人工衛星の分離、軌道上での検証を経て衛星軌道上における初期運用期間（1年間が通常である）が経過するまでのロケット・人工衛星の滅失・損傷リスクを担保する。保険によって担保されるリスクは、保険契約者がロケット打上げ事業者の場合と衛星オペレーターの場合で異なるが、保険によって担保されるリスクの内容に応じて、打上げを再度行う費用、人工衛星の再調達に必要な費用等が保険金額の算定根拠となる。

　(ⅲ) **軌道上保険（寿命保険）**　　人工衛星を対象とする軌道上保険（寿命保険）は、衛星オペレーターや衛星メーカーが保険契約者となり、軌道上に

所在する人工衛星に発生する、スペース・デブリなどとの衝突による人工衛星の破壊、人工衛星の機能低下、人工衛星の寿命の短縮などのリスクを一定期間（通常1年であり、毎年更新される）にわたって担保する。多くの人口衛星を管理している事業者は、自社で保有する衛星を一括したフリートにつき軌道上保険契約を締結していることが多い。

　軌道上保険は、衛星に実際に発生した損害を物理的に査定することが非常に困難であるため、衛星の機能（電力、燃料、ミッション機器の機能など）を指標化し、その指標によって損害額を算定することが一般的である。その結果、保険契約上は全損と扱われるにもかかわらず、実際には衛星の機能が一定程度残っている場合がありうる。その場合、全損として保険金が全額支払われる一方、衛星の残された機能に対する権利を保険者が取得する（サルベージ）[*1]。かかるサルベージは、保険者が取得する権利に応じて所有権サルベージと収益サルベージに分けられる。所有権サルベージは保険者が人工衛星の所有権を取得するものであるが、保険者は、通常自ら衛星を運用する能力がないため、保険者から更に衛星を買い取って運用してくれる買主を見つける必要があることになり、この場合、従前の衛星の所有者が買い取って運用することもある。収益サルベージは、人工衛星の所有権は移転しないものの、保険者が、衛星に残された機能から生み出される収益の一部についての権利を取得する。保険実務では、所有権サルベージではなく、収益サルベージが活用されることの方が多いといわれている。

◆(2) 第三者賠償責任保険　　第三者賠償責任保険は、宇宙活動に際して打上げ事業者や衛星オペレーターが第三者に損害を発生させ、損害賠償責任を負担した場合に、その責任を塡補するための保険である。第三者賠償責任保険は、打上げ第三者賠償責任保険と軌道上第三者責任賠償保険に分けられる。打上げ第三者賠償責任保険はロケット打上げに起因する第三者の損害に関する賠償責任を担保するものである。他方、軌道上第三者賠償

＊1　宇宙資産議定書（Protocol to the Convention on International Interests in Mobile Equipment on Matters Specific to Space Assets）4条3項は、サルベージを「a legal or contractual right or interest in, relation to or derived from a space asset that vests in the insurer upon the payment of a loss relating to the space asset」と定義している。

責任保険は、軌道上で衛星を運用する際に生じる第三者の損害に関する賠償責任を担保するものであり、対象となる保険事故には、人工衛星の落下等の場合と、人工衛星が宇宙空間（月面等の天体上を含む）で他の宇宙物体に衝突した場合やデブリ化して他の宇宙物体を破壊した場合がある。

　ここで留意すべき点として、第三者賠償責任保険の保険事故は、あくまで打上げや衛星運用の関係者から関係者以外の第三者に対する損害賠償責任の発生であることが挙げられる[*2]。また、宇宙保険においても免責事由が定型化しており、特に、テロリズムの行為、戦争、暴動等による著しい社会秩序の混乱などを主たる原因とするロケット落下等損害（宇宙活動法上は、「特定ロケット落下等損害」（同法2条9号）と定義されている）の場合は免責事由に含まれるのが通常である。

　第1章第2節で述べたとおり、宇宙活動法上、打上げ第三者賠償責任保険についてのみ、打上げ実施者が損害賠償担保措置として締結することが義務化されている。

◆**(3) 宇宙旅行保険**　民間有人宇宙飛行において宇宙旅行保険の需要があることはいうまでもないが、JAXA の宇宙飛行士が ISS など宇宙に行くにあたり、宇宙飛行やその準備行為により生命や健康が損なわれた場合に備えた保険の必要性は従前からあり、かかる保険として、日本国内においては海外旅行保険が使われている。当面は、民間有人宇宙飛行においても海外旅行保険が使われることが想定されるが、民間有人宇宙飛行においては、オペレーターや打上げ国などから一定の生命保険・健康保険の付保が義務づけられることが一般的であり、近い将来には宇宙旅行に特化し、かかる付保義務に準拠した保険商品が開発されるであろう。

3. 再打上げサービス等の提供の保険業該当性

　ロケット打上げ事業者は、打上げ契約において、打上げ失敗等が発生し

---

　*2　この点、本書内の各所でふれられているように、関係者間ではクロスウェーバー条項により相互に事前に損害賠償責任権の放棄が合意されるのが宇宙ビジネスにおける一般的な実務となっている。

た場合に再打上げサービスを提供する旨を約する場合がある。また、ロケット打上事業者以外の宇宙関連サービス事業者も、ミッション失敗時に再度当該サービスを提供する旨を約する場合があろう。

　もっとも、かかるサービスの再提供については、保険業に該当し、保険会社でない宇宙事業者がかかるサービスの再提供をすることが保険業法違反にならないかという論点がある。

　すなわち、保険業法上、「一定の偶然の事故によって生ずることのある損害をてん補することを約し保険料を収受する保険」の引受けを行う事業は、原則保険業に該当する（同法２条１項）。このように、保険業法は、保険業に該当する保険について、自身の行為とは無関係の損害を填補することを要件として定めていない。そのため、自身の行為と関係のある損害を填補するものであっても、直ちに保険業に該当しないことにはならず、保険料相当額がサービスの代金に含まれていると考えれば、保険業に該当する可能性がある。

　もっとも、金融庁の少額短期保険業者向けの監督指針 V-(1)（注２）は、商取引に付随して提供されるサービスの一部は保険業に該当しないとの解釈を示している。すなわち、「予め事故発生に関わらず金銭を徴収して事故発生時に役務的なサービスを提供する形態については、当該サービスを提供する約定の内容、当該サービスの提供主体・方法、従来から当該サービスが保険取引と異なるものとして認知されているか否か、保険業法の規制の趣旨等を総合的に勘案して保険業に該当するかどうかを判断する。なお、物の製造販売に付随して、その顧客に当該商品の故障時に修理等のサービスを行う場合は、保険業に該当しない。」としている。したがって、再打上げサービスその他のサービスの再提供は、商取引に付随する保険類似サービスとして、保険業に該当しないと考えられる場面が多いと思われる。もっとも、上記監督指針の文言は家電量販店における品質保証などを念頭においたものであり、また、サービスの再提供の内容は宇宙関連サービスおよびその契約によってさまざまであることから、案件に応じて個別具体的な検討が必要となる。

第8節　スペースポート・その他

1．スペースポート

◆**(1) スペースポートとは**　スペースポートとは、商業用ロケットの打上げや、民間有人宇宙船の離発着に使用される基地であり、有名なものとしては、米国カリフォルニア州の「モハベ・スペースポート」や、ニューメキシコ州の「スペースポート・アメリカ」などがある。また、SpaceXのCEOであるイーロン・マスク氏は、2020年6月、同社の宇宙船 Super Heavy/Starship 向けのスペースポートを海上に設置する考えを示している。

◆**(2) 米国におけるスペースポート**　米国では、スペースポートの整備が進んでおり、2020年2月現在で、**図表2-8-1**に記載の12か所のスペースポートが米国連邦航空局（FAA）の認可を得て、運営されている。2020年4月には、FAAの商業宇宙輸送オフィス（Office of Commercial Space Transportation）に、スペースポート局（Office of Spaceports）が設置され、米国におけるスペースポートの整備は、今後さらに進んでいくものと期待される。

　米国のスペースポートについては、カリフォルニア州、コロラド州、フロリダ州、ニューメキシコ州、オクラホマ州、テキサス州およびウィスコンシン州の7州で関連する州法が制定されている。たとえば、フロリダ州においては、「Spaceport Florida Authority Act」が1989年に制定され、同法5条1項[*1]に基づいて、フロリダ州のSpace Authorityが設置されている。なお、Space Authorityの設置のされ方は州ごとに様々であり、たとえば、上記フロリダ州のSpace Authorityは州の独立部局として設置され、宇宙産業の誘致、資金調達支援および雇用創出のための活動等を行ってお

---

*1　同項は「The authority shall have the power to:（a）Exercise all powers granted to corporations under the Florida General Corporation Act, chapter 607, Florida Statutes.」と規定する。

運営主体	名称	州
Space Florida	Cape Canaveral Spaceport/Shuttle Landing Facility	フロリダ州
Space Florida	Cape Canaveral Space Force Station	フロリダ州
Houston Airport System	Ellington Airport	テキサス州
Titusville-Cocoa Airport Authority (TCAA)	Space Coast Regional Airport	フロリダ州
Jacksonville Aviation Authority	Cecil Field	フロリダ州
Midland International Airport	Midland International Air & Space port	テキサス州
Mojave Air & Space Port	Mohave Air	カリフォルニア州
New Mexico Spaceflight Authority	Spaceport America	ニューメキシコ州
Alaska Aerospace Development Corporation	Pacific Spaceport Complex Alaska	アラスカ州
Adams County	Colorado Air & Space Port	コロラド州
Virginia Commercial Space Flight Authority	Wallops Flight Facility	ヴァージニア州
Oklahoma Space Industry Development Authority	Burns Flat, Oklahoma	オクラホマ州

図表 2-8-1　米国のスペースポート

検討場所	詳細
種子島（鹿児島県）	JAXA の射場があり、スペースポートとしての利用が検討されている。
内之浦（鹿児島県）	JAXA の射場があり、スペースポートとしての利用が検討されている。
串本町（和歌山県）	和歌山県串本町は本州最南端に所在しロケットの打上げに地理的に向いているため、キヤノン電子、清水建設などが共同出資して設立したスペースワンが「スペースポート紀伊」の建設を進めており、2021 年中に小型ロケット「カイロス（KAIROS）」を打上げることを予定している。
大樹町（北海道）	北海道大樹町は、「宇宙のまちづくり」を標榜し、JAXA や研究機関が打上げの実験等を行っているほか、大樹町に本社を構えるインターステラテクノロジズ株式会社も同地で打上げを行っている。大樹町では、NPO 法人北海道宇宙科学技術創成センターおよび十勝圏航空宇宙産業基地構想研究会と共同して、大樹町多目的航空公園の滑走路を「4000 m」に拡張した上で、あらゆる宇宙機・航空機の離着陸場、実験場とする「北海道スペースポート計画」を提案している。
大分空港（大分県）	米国 Virgin Orbit 社と大分県は、大分空港でのスペースポート開港および小型衛星の空中発射に向けた環境整備を進めるため、提携を開始した。
下地島空港（宮古島）	株式会社 PD エアロスペースは、沖縄県宮古島市にある下地島空港を宇宙旅行の拠点とするために、沖縄県と空港の利用について 2020 年 9 月 10 日に基本合意を締結している。同社は、有翼型宇宙往還機（スペースプレーン）の飛行試験として下地島空港を利用した後、格納庫や管理棟などを整備して、飛行試験や宇宙旅行の出発地、宇宙旅行者向け訓練場として運用していくことを想定している。さらに、同社は 2025 年中には同空港を使用して、100 人規模の宇宙旅行を実施することを計画している。

図表 2-8-2　日本国内のスペースポートの設置検討状況

り、債券発行による独自の資金調達権限も有するという特徴を有する。

◆(3) 日本におけるスペースポート　(i) 日本におけるスペースポート設置の状況　米国とは異なり、日本においては、現時点ではスペースポートは存在しないが、スペースポート設置に向けて一般社団法人 Space Port Japan が設立されている。同団体は、日本に近い将来スペースポートを開港すべく、国内外の関連企業や団体、政府機関と連携し、スペースポート開港に向けた動きをみせている。前ページの図表 2-8-2 は、日本国内でスペースポートの設置場所として検討されている場所の一覧である。

宇宙基本計画 (令和 2 年 6 月 30 日閣議決定) でも、スペースポートの整備についての言及があり、「民間事業者や自治体による将来の打上げ需要の拡大を見据えた射場整備やサブオービタル飛行等の新たな輸送ビジネスの実現に向けたスペースポート整備については、宇宙システムの機能保証や地域創生、民間小型ロケット事業者の育成の観点も含めて、必要な対応を検討し、必要な措置を講じる。(内閣府、文部科学省、経済産業省、国土交通省、防衛省等)」と記載されている。

(ii) 日本におけるスペースポートを規律する法律　宇宙活動法では、2 条 4 号において「人工衛星の打上げ用ロケットを発射する機能を有する施設」を「打上げ施設」と定義しており、人工衛星等の打上げの許可にあたっては、打上げ施設の場所や周辺の安全も考慮されるほか (同法 4 条 2 項 3 号 ～ 4 号)、打上げ施設の適合認定を定めており (同法 16 条)、日本国内にスペースポートが開設された場合にはこれらの法規制の対象となる。その際、スペースポートは、事故等の発生確率が近年非常に低い通常の航空機が離発着に用いる空港と比べて、周辺地域が負うリスクがはるかに大きいと思われること、また、専ら有人の宇宙物体を打ち上げることが念頭に置かれているため、通常の空港のように搭乗客、見送り客、スタッフ等の健康および生命の安全についても考慮が必要となることから、スペースポートの設置を許可する条件については、これら必要な安全面の要素を十分に考慮の上定められることが必要であると思われる。

(iii) 民間有人宇宙飛行との関係　今後国内でも宇宙旅行ビジネスが発展

していくことが予想されるところ、上記の通り、日本国内では民間有人宇宙機の離発着が可能なスペースポートが現時点で存在しないため、宇宙旅行の実施主体が日本国内の法人であれ、外国の法人であれ、射場としては外国のスペースポートを利用することになると考えられる。この場合、日本からの宇宙旅行参加者は、宇宙旅行のみならず海外旅行もすることになるので、たとえば、宇宙機の打上げが延期になった場合のビザの問題等に配慮する必要があるほか、必要に応じて、たとえば打上げ延期時の追加コストの負担や海外旅行保険の手配等、旅行代理店との間で必要な取り決めをしておくことが必要となる。

2．その他の宇宙ビジネス

　宇宙ビジネスは、これまで紹介した領域にとどまらず、様々な領域に広がりつつある。

　具体例を挙げ始めると枚挙にいとまがないが、たとえば、サンフランシスコに本社を置く Elysium Space 社は、故人の遺灰を宇宙空間に射出して流れ星としたり、月面に埋めたりといったいわゆる宇宙葬をサービス内容とする企業である。スペースデブリの問題や、月面に私人の遺灰を埋めることについての是非等、法的その他の観点から検討すべき問題もあるものの、ユニークなビジネスモデルとして注目を集めている。また、JAXAは民間企業と連携して研究開発や事業創出を促進するプログラム「宇宙イノベーションパートナーシップ」の一環として、宇宙と地球の食料についての課題解決を目指す「Space Food X（スペースフードエックス）」プログラムを始動させており、複数の企業が当該プログラムに参加し、「宇宙食」の研究と開発を行っている。宇宙ビジネスの発達によって、宇宙が人類のより身近な活動圏となるのであれば、「食」の問題は切り離せない問題であり、ビジネス領域としても需要の大きいものであると考えられる。その他にも、株式会社 OUTSENSE は、折り紙技術を用いた月面での居住施設開発を行っているが、これも宇宙での活動に欠かせない「住」をテーマにしたビジネスモデルである。

このように、宇宙ビジネスは、いわゆるロケットの打上げや、人工衛星を使ったビジネス、宇宙旅行といった宇宙に物や人を輸送することを目的にしたビジネスから、人類の活動圏や生活圏が宇宙まで拡大することを念頭に置いたビジネスモデルへと拡大してきており、今後は益々の拡大・発展が予想されるとともに、それに伴って、規制法上の問題、私人間の問題などあらゆるタイプの法的問題が生じることが想定されるため、これらに対応する宇宙ビジネス法務の発展も求められる。

あとがき

　アポロ 11 号が月面に降り立ってから、半世紀が経過した。ニール・アームストロング船長の "That's one small step for a man, one giant leap for mankind." という言葉は、今でも宇宙ビジネスの世界では、金言として大切にされている。これまで宇宙開発は、多くの国では政府主導で進められることが通例であり、いわゆる「宇宙ビジネス」が盛り上がりを見せはじめたのは、実はつい最近のことである。それは一つには、いわゆる宇宙ビジネスは、収益化までの道のりが長いことや、開発に途方もない労力、技術力、費用を要するために、宇宙をフィールドとしてビジネスを展開することへのハードルが高かったことが原因であると考えられている。それでも、近年、国内外では多くの宇宙ベンチャーが産声をあげている。ある者は深宇宙に魅せられ、ある者は宇宙にビジネスとしての可能性を感じ、そしてある者は自分たちの事業が人類全体の進歩につながると信じて、日々邁進している。宇宙開発に携わる多くの人々は、皆、目を輝かせて宇宙への想いを語る。自分たちの日々が仮に small step だとしても、その一つひとつが giant leap for mankind であると信じて挑戦を続けている。私は、宇宙が好きで、宇宙ビジネスが好きで、そして子どものように目を輝かせ挑戦を続ける宇宙ビジネスのプレイヤーが大好きだ。

　本書は、人類の宇宙ビジネスへの挑戦に法律家の立場から少しでも寄与したいという思いで、従前よりご縁があり大変お世話になっていた弘文堂の代表取締役である鯉渕友南氏に、当時長島・大野・常松法律事務所の 2 年目の弁護士だった私が直談判に行ったことに端を発する。その後、同じく宇宙に魅せられたメンバーが集う同事務所の宇宙プラクティスグループで執筆を開始した。その後、発刊に至るまで 2 年以上の歳月を要し、その間、気がつけば私も事務所を移籍することになるが、長い歳月をかけて、執筆者一同との間で喧々諤々の議論の末生まれたのが本書である。

本書は、日本における宇宙ビジネスのプレイヤー、宇宙ビジネスを志す方、そして、宇宙ビジネス法務に興味を持つ実務家を念頭において、宇宙ビジネス法務の実務に携わる執筆者の知見と経験を結集させて執筆されたものである。本書が、日本の宇宙ビジネスの更なる発展にわずかでも寄与することができるとすれば、それは望外の喜びである。

　私にとって「宇宙ビジネス法務に関する本を発刊する」というのは、一つの目標であり、本書の発刊はその目標を叶えるものとなった。最後になってしまったが、このような機会を与えていただいた弘文堂の鯉渕友南氏、そして、なかなか筆の進まない執筆者らを辛抱強く叱咤激励頂いた弘文堂の中村壮亮氏に対し、心から御礼を申し上げたい。

　　　2021 年 10 月

　　　　　　　　　　　　　　　　　　共同編著者
　　　　　　　　　　　　　　　　　　中村・角田・松本法律事務所
　　　　　　　　　　　　　　　　弁護士　大島　日向

巻末資料

（様式第一：宇宙活動法第4条第2項）

記入例は、内閣府ホームページ掲載の「宇宙活動法に関する申請マニュアル　別添1」を転載した。

https://www8.cao.go.jp/space/application/space_activity/documents/manual-rocket.pdf

（様式第一七：宇宙活動法第20条第2項）

記入例は、内閣府ホームページ掲載の「宇宙活動法に関する申請マニュアル　別添2」を転載した。ただし、様式第一七（別紙2）の「管理計画」は割愛している。

https://www8.cao.go.jp/space/application/space_activity/documents/manual-satellite.pdf

（様式第一：衛星リモセン法第4条第2項）

記入例は、内閣府ホームページ記載の「衛星リモートセンシング記録の適正な取扱いの確保に関する法律に関する措置等に関する申請マニュアル」を転載した。

https://www8.cao.go.jp/space/application/rs/documents/application_manual.pdf

（様式第一三：衛星リモセン法第21条第2項）

記入例は、内閣府ホームページ記載の「衛星リモートセンシング記録の適正な取扱いの確保に関する法律に関する措置等に関する申請マニュアル」を転載した。

https://www8.cao.go.jp/space/application/rs/documents/application_manual.pdf

巻末資料１：人工衛星等の打上げに係る許可申請書

様式第一（第五条第一項関係）

人工衛星等の打上げに係る許可申請書

令和元年 10 月 1 日

内閣総理大臣　殿

（郵便番号）100-0013

住　　　所　東京都千代田区霞が関○○○

名称　○○○○株式会社 印

連 絡 先　〒***-**** 東京都千代田区大手町*-*-*

○○○○株式会社 総務部総務課 内閣 太郎

電話：03-6205-****　内線9999

電子メール：naikaku-taro@xxx.co.jp

　　下記のとおり、人工衛星等の打上げの許可を受けたいので、人工衛星等の打上げ及び人工衛星の管理に関する法律第４条第２項の規定により、申請します。

記

人工衛星の打上げ用ロケットの設計（別紙１）又は型式認定番号	型式認定番号：○○○○○	
打上げ施設の場所、構造及び設備（別紙２）又は適合認定番号	適合認定番号：○○○○○	
ロケット打上げ計画（別紙３）	別紙３に示す	
人工衛星の打上げ用ロケットの型式、機体の名称及び号機番号	型式　　　　：CAO ロケット 機体の名称：Ⅱ型 号機番号　　：○号機	
人工衛星の打上げ用ロケットに搭載される人工衛星の数並びにそれぞれの人工衛星の名称、利用の目的及び方法	人工衛星の数：2	
	（名称）	（目的及び方法）
	CAO 衛星 （主衛星）	目的：事業活動（地理空間情報分野） 方法：記録の提供（データ販売）
	ABC 衛星	目的：実験（通信実験）

	（副衛星）	方法：通信方法Ｓ帯 なお、同じ大きさ、質量のダミーマス への置き換えの可能性あり。
人工衛星等の打上げに係る業務を行う役員の氏名（申請者が法人の場合）	役 員：○○ ○○（CAO 宇宙センター所長）	
人工衛星等の打上げに係る業務を行う使用人の氏名	使用人：○○ ○○（打上げ執行責任者）	
法第５条に定める欠格事由の該当有無	□ 有 ☑ 無	

備考 　1　用紙の大きさは、日本産業規格Ａ４とすること。

　　　　2　氏名を記載し、押印することに代えて、署名することができる。この場合におい
　　　て、署名は必ず本人が自署するものとする。

　　　　3　人工衛星等の打上げ及び人工衛星の管理に関する法律施行規則第５条第２項各
　　　号に掲げる書類を添付すること。

役員及び使用人については住民票に記載された氏名及び住所を記載してください。

申請時点ではダミーマスへの置き換えが想定される場合、予め記載し、確定後に届出をおこなってください。

ロケット打上げ計画

人工衛星等の打上げに係る許可に関するガイドライン 6.3 項を参考に記載してください。

1 保安及びセキュリティ対策

2 防災計画の策定等

3 推進薬等の取扱いに係る安全対策

4 落下予想区域等を考慮した飛行経路の設定

5 適切な落下限界線の設定

6 警戒区域の設定及び第三者の進入防止体制の構築

7 自然災害等による警報発令時の対策

8 航空機や船舶等への事前通報

9 適切な打上げ日時の設定

10 搭載される人工衛星を考慮した飛行能力

11 気象状況を踏まえた飛行成立性の確認

12　警戒区域解除前の第三者損害発生の防止

13　飛行安全管制の実施

14　飛行中断の実施

15　海上浮遊物の回収

16　軌道上デブリ発生の抑制

17　ロケット軌道投入段の保護域からの除去

18　ロケット打上げ計画を実行する体制の構築

様式第九（第十三条第一項関係）

型式認定申請書

令和元年 10 月 1 日

内閣総理大臣　　殿

（郵便番号）100-0013
住　　所　東京都千代田区霞が関○○○

名称　○○○○株式会社 印
連絡先　〒***-**** 東京都千代田区大手町*-*-*
○○○○株式会社 総務部総務課 内閣 太郎
電話：03-6205-**** 内線9999
電子メール：naikaku-taro@xxx.co.jp

　下記のとおり、人工衛星の打上げ用ロケットの設計の型式認定を受けたいので、人工衛星等の打上げ及び人工衛星の管理に関する法律第13条第2項の規定により、申請します。

記

人工衛星の打上げ用ロケットの設計（別紙）	別紙に示す
飛行中断措置その他の人工衛星の打上げ用ロケットの飛行経路及び打上げ施設の周辺の安全を確保する方法	添付資料○○に示す
人工衛星の打上げ用ロケットと打上げ施設の適合性を確保する技術的条件	添付資料○○に示す

備考　1　用紙の大きさは、日本産業規格Ａ４とすること。
　　　2　氏名を記載し、押印することに代えて、署名することができる。この場合において、署名は必ず本人が自署するものとする。
　　　3　人工衛星等の打上げ及び人工衛星の管理に関する法律施行規則第13条第2項各号に掲げる書類を添付すること。

（別紙）

人工衛星の打上げ用ロケットの設計

1 概要

主要諸元			
型式（※1）	CAOロケット		
機体の名称（※2）	Ⅰ型	Ⅱ型	
段構成	2段	2段	
補助ブースタ等の有無及び本数	補助ブースタ：2本	補助ブースタ：4本	
全長（m）	60m	60m	
直径（代表径）（m）	4m	4m	
全備質量（t）（人工衛星を除く）	460t	600t	
誘導方式	慣性誘導方式	慣性誘導方式	
飛行中断措置の方法	指令破壊	指令破壊	

> メインとなる機体の径を記載する。

※1 型式とは、機体形態の別を考慮しないロケットの型式を指す名称をいう。例：H-ⅡA

※2 機体の名称とは、機体形態の別により異なる名称をいう。例：202型

衛星フェアリング			
名称	標準型	長型	太型
全長（m）	5m	7m	7m
外径（m）	4m	4m	5m
質量（t）	1.0t	1.4t	1.8t
主要搭載電子装置	ビーコン	ビーコン	ビーコン

CAO ロケット I 型　概要図

CAO ロケット II 型　概要図

機体の名称	Ⅱ型					
各段等の詳細（必要に応じ補助ロケット等の諸元を追記すること）						
	第1段		第2段		補助ブースタ	ガスジェット
全長（m）	40m		20m		2m	
外径（m）	4m		4m		1m	
質量（t）	200t		100t		75t×4	
エンジン等の基（本）数	2本		1本		4本	
エンジン等1基（本）あたり推力（kN）	1100kN		1100kN		2500kN	
燃焼時間（s）	300s		400s		110s	
推進薬種類	LOX	LH2	LOX	LH2	ポリブタジエン系コンポジット固体推進薬	
推進薬質量（t）	130t	25t	16t	4t	60t×4	
姿勢制御方式	慣性誘導方式		慣性誘導方式		慣性誘導方式	
主要搭載電子装置	・誘導制御系 - ○○○ - ○○○ ・計測系 - ○○○ - ○○○ ・指令破壊系 - ○○○ - ○○○		・誘導制御系 - ○○○ - ○○○ ・計測系 - ○○○ - ○○○ ・指令破壊系 - ○○○ - ○○○		・誘導制御系 - ○○○ - ○○○ ・計測系 - ○○○ - ○○○ ・指令破壊系 - ○○○ - ○○○	

> 姿勢制御用エンジンも記載する

※ガスジェット・サイドジェット等の姿勢制御用エンジン等を含む

打上げ能力（必要に応じて代表的軌道を追記すること）			
代表的軌道名称	低軌道		
高度（km）	300		
軌道傾斜角（度）	35		
打上げ可能質量（kg）	5000		

> 低軌道以外でも打ち上げる可能性のある代表的な軌道を記載してください。

2　ロケットシステム系統図

1項概要に記載した人工衛星の打上げ用ロケットについて、系統図を記載してください。
系統図の記載にあたっては、着火装置等のシステムが規則第7条第2号の着火装置等の
安全要求を満たすことがわかる記載としてください。

3　飛行安全管制に係る主要構成装置等
※装置等の名称、概要及び搭載段

ロケットにおいて、飛行安全管制に係る装置については、その概要、システム系統図等
を記載してください。一例として以下のような説明、系統図等を記載してください。

・打上げロケットの飛行状態(姿勢、状態等)を送信するシステムの概要及びシステム系
統図
・打上げロケットの保有する飛行中断システムの概要及び機能ブロック図等

なお、打上げロケットの適合性を確保する技術的条件及びその条件に適合していること
の説明が必要な場合は、当該資料を添付してください。

4 エンジン系統図（第　　段）

※1　補助ロケット、姿勢制御用エンジン等を含む。

※2　着火装置等の安全に係る機能を含む。

打上げ用ロケットのエンジン系統図について、系統図を記載してください。

系統図の記載にあたっては、エンジン系統に関連する着火装置等のシステムが規則第7条第2号の着火装置等の安全要求を満たすことがわかる記載としてください。

5 軌道上における不要な人工物体(以下「軌道上デブリ」という。)発生の抑制のための
　措置

※ロケット軌道投入段、人工衛星分離に係る装置等

　　ロケット由来の軌道上デブリ発生の抑制のための措置について、システム概要や図面、
　解析結果等を記載してください。

様式第十三（第十六条第一項関係）

適合認定申請書

令和元年 10 月 1 日

内閣総理大臣　殿

（郵便番号）100-0013

住　　所 東京都千代田区霞ヶ関○○○

名称　○○○○株式会社 印

連絡先　〒***-**** 東京都千代田区大手町*-*-*

○○○○株式会社 総務部総務課 内閣 太郎

電話：03-6205-**** 内線9999

電子メール：naikaku-taro@xxx.co.jp

　下記のとおり、打上げ施設の適合認定を受けたいので、人工衛星等の打上げ及び人工衛星の管理に関する法律第１６条第２項の規定により、申請します。

記

打上げ施設の場所、構造及び設備（別紙）	別紙に示す。
型式認定番号	○○○○○
型式	型式：CAO ロケット
型式認定年月日	平成 ○○ 年 ○○ 月 ○○ 日
飛行中断措置その他の人工衛星の打上げ用ロケットの飛行経路及び打上げ施設の周辺の安全を確保する方法	添付資料○○に示す。

備考　1　用紙の大きさは、日本産業規格Ａ４とすること。

　　　2　氏名を記載し、押印することに代えて、署名することができる。この場合において、署名は必ず本人が自署するものとする。

　　　3　人工衛星等の打上げ及び人工衛星の管理に関する法律施行規則第１６条第２項各号に掲げる書類を添付すること。

（別紙）

打上げ施設の場所、構造及び設備

1 概要

施設名称	CAO 宇宙センター
所在地	○○県○○市○○
	備考　施設が複数住所にまたがる場合は、代表地点の住所を記載すること。

打上げ施設の概要及び主要設備の配置図

ロケット打上げ施設全体を、地図上に表示し、施設の所有する設備の位置を示してください。

地図上には、打上げ施設外との境界線及び主要設備の場所を示してください。

主要設備としては、以下が挙げられます。
・火薬等の保安物の貯蔵所
・ロケット、人工衛星の組立棟
・射点
・ロケットの発射、緊急停止、安全化処置等を制御する建屋
・飛行安全管制棟
・地上局

また、記載にあたっては設備の名称のみならず、各設備の機能についても記載してください。

なお、打上げ施設の適合性を確保する技術的条件及びその条件に適合していることの説明が必要な場合は、当該資料を添付してください。

備考　1　縮尺等により距離情報を記載すること。
　　　2　打上げ施設外との境界を明示すること。

2　主要設備
※名称及び概要、セキュリティ対策

1項に記載した設備について、設備の名称、機能・概要について記載してください。

3　発射装置
※概要及びシステム系統図（着火装置等の安全に係るシステムを含む。）

打上げ施設において、着火装置等の発射装置については、その概要、システム系統図等を記載してください。

4　飛行安全管制に係る主要構成装置等

※概要及びシステム系統図

打上げ施設において、飛行安全管制に係る装置については、その概要、システム系統図等を記載してください。

様式第十七（第二十条第一項関係）

人工衛星の管理に係る許可申請書

令和元年 10 月 1 日

内閣総理大臣　殿

（郵便番号）100-0013
住　　所　東京都千代田区霞が関○○○
名　　称　○○○○株式会社　　　印
連　絡　先　〒***-****
　　　　　東京都千代田区大手町*-*-*
　　　　　○○○株式会社 総務部総務課
　　　　　　　　内閣 太郎
　　　　　電話：03-6205-**** 内線9999
　　　　　電子メール：naikaku-taro@xxx.co.jp

　下記のとおり、人工衛星の管理の許可を受けたいので、人工衛星等の打上げ及び人工衛星の管理に関する法律第２０条第２項の規定により、申請します。

記

人工衛星の名称	CAOSAT-1
人工衛星管理設備の場所	①○○○株式会社○○事業所（北海道○○○市○○○町○－○） ②○○○株式会社◇◇事業所（愛知県◇◇◇市◇◇◇町◇－◇） ③△△大学△△キャンパス（静岡県△△△市△△△町△－△）
人工衛星の軌道	※低軌道周回衛星の場合の例 【投入軌道】 軌道　　　：太陽同期準回帰軌道 軌道長半径：XXXX km±XX km ／ 近地点高度：XXX km±XX km 離心率　　：0 ～ 0.0XX or 遠地点高度：XXX km±XX km 軌道傾斜角：XX.X° ±X° 【定常運用軌道】（上記投入軌道と同一の場合は省略可、フェーズにより複数の異なる軌道がある場合はそれぞれについて記載） 軌道　　　：太陽同期準回帰軌道 軌道長半径：XXXX km±XX km ／ 近地点高度：XXX km±XX km 離心率　　：0 ～ 0.0XX or 遠地点高度：XXX km±XX km 軌道傾斜角：XX.X° ±X°

（吹き出し）日本国内の運用管制設備を記載してください。

（吹き出し）申請時点でこれらの具体的な数値は、現実的な幅を持たせて記入することが可能です。

	【その後の軌道】 （推進系なしの場合） 軌道変更能力を有しておらず、大気抵抗等により上記軌道から高度を下げながら、本衛星の管理を行う。 （推進系ありの場合） 25年以内に自然落下させるための軌道変更能力を保持した上で、大気抵抗等により上記軌道から高度を下げながら本衛星の管理を行う。 ※軌道上で引き渡される静止衛星の場合の例 【定常運用軌道】 軌道　　　　　　　：静止軌道 軌道高度　　　　　：XX,XXX km±0.X km 東経（又は西経）：XXX.X°±0.X° 軌道傾斜角　　　　：　0.0°±0.X°
人工衛星の利用の目的及び方法	□　測位　□　通信・放送　□　宇宙科学・探査（資源探査を含む） ☑　リモートセンシング　□　その他（　　　　　　　　） 地球観測用民生品カメラ（分解能：○m）及びオンボード画像処理装置の軌道上実証を目的として、当該機器を本衛星に搭載し、機能性能の検証を行うとともに、撮像データの提供（販売）を行う。
人工衛星の構造 （別紙1）	別紙1に示す
法第22条第4号に定める終了措置の内容	イ　□　　ロ　□　　ハ　□　　ニ　☑ 終了措置として自然落下（その他の終了措置）を行う。
管理計画 （別紙2）	別紙2に示す
死亡時代理人の氏名又は名称及び住所（申請者が個人の場合）	※申請者が個人の場合記載してください。 【申請者が個人の場合の記載例】 氏名：内閣　花子 住所：北海道札幌市○○○○
人工衛星の管理に係る業務を行う役員の氏名（申請者	役　員：○○　○○（取締役　衛星事業本部長）

が法人の場合)	
人工衛星の管理に係る業務を行う使用人の氏名	※法人申請の場合において、役員と使用人が同一の場合や、個人申請の場合において、使用人が不在である場合はその旨を記載してください。 使用人：○○ ○○（運用実施責任者）
法第21条に定める欠格事由の該当有無	有 □　　無 ☑

備考　1　用紙の大きさは、日本産業規格A4とすること。

　　　2　氏名を記載し、押印することに代えて、署名することができる。この場合において、署名は必ず本人が自署するものとする。

　　　3　人工衛星等の打上げ及び人工衛星の管理に関する法律施行規則第20条第2項各号に掲げる書類を添付すること。

(別紙1)

人工衛星の構造

1　概要

寸法（mm）	（打上げ時） 620±20mm × 620±20mm × 510±20mm （運用時） 630±20mm × 830±20mm × 1760±20mm	
全備質量（kg）	60±1 kg	
設計寿命	3 年	
電源方式	安全弁付リチウムイオン電池、シャント制御＋非安定化バス方式	
姿勢制御方式	三軸姿勢制御方式	
推進方式の有無 ☑　有　□　無	1 液ブローダウン方式、3N スラスタ×4 基	
推進薬種類	ヒドラジン	二液式の場合はそれぞれの推進薬の情報を記載してください。
推進薬質量（kg）	5±1 kg	
火工品 ☑　有　□　無	S バンドアンテナ展開機構、太陽電池パネル保持解放機構	
展開物 ☑　有　□　無	S バンドアンテナ、太陽電池パドル	
主要構造材料	A5052P、SUS304	
主要搭載機器	合成開口レーダアンテナ、データ伝送アンテナ	
他の天体由来の物質を地球に落下させて回収する計画 □　有　☑　無		
地球以外の天体を回る軌道に投入または当該天体に落下させる計画 □　有　☑　無		

※：　以降の記載例は 50cm 級小型衛星を想定した内容です。

2　概要図

人工衛星の打上げ時及び運用時の概要図を記載してください。

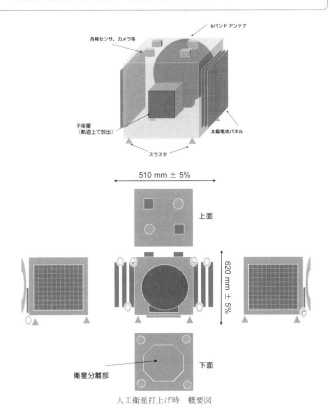

人工衛星打上げ時　概要図

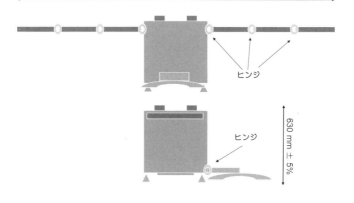

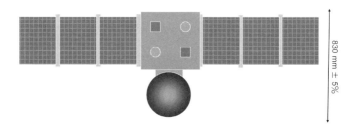

人工衛星運用時　概要図

3 人工衛星システム系統図

人工衛星のシステム系統図をブロック図等で示してください。
人工衛星の通信系、姿勢制御系、電源系、ミッション系等の搭載機器とそれらの相互の
つながりがわかるように図示してください。

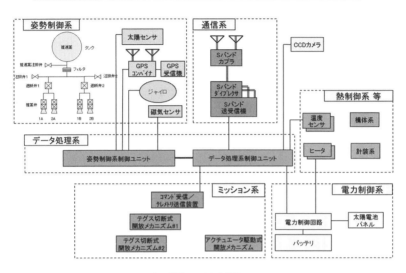

人工衛星システム系統図

（様式第十七・別紙２）

管理計画[1]

1　人工衛星管理設備の概要

2　人工衛星の管理の方法

3　分離又は結合時の他の人工衛星の管理への干渉防止

4　異常時の破砕防止

5　他の人工衛星等との衝突回避

6　終了措置

7　人工衛星の管理を実行する体制の構築
　（管理の組織及び業務、異常事態への対応、セキュリティ対策の構築等）

---

[1] 人工衛星の管理に係る許可に関するガイドライン6.3項を参考に記載する。

様式第一（第四条関係）

許可申請書

平成 29 年 11 月 16 日

内閣総理大臣　殿

（郵便番号）100-0013

住　　所　東京都千代田区霞が関○○○

氏　　名

（法人にあっては、名称）

○○○○株式会社　印

連 絡 先　〒100-81＊＊　東京都千代田区大手町＊-＊-＊

○○○○株式会社　総務部総務課　内閣　太郎

電話：03-6205-＊＊＊＊　内線 9999

電子メール：naikaku-taro@xxx.co.jp

　下記のとおり、衛星リモートセンシング装置の使用の許可を受けたいので、衛星リモートセンシング記録の適正な取扱いの確保に関する法律第４条第２項の規定により、申請します。

記

1　衛星リモートセンシング装置の使用に関する事項

衛星リモートセンシング装置の名称、種類、構造及び性能	名称：CAO-OP1
	種類：■光学センサー　□ＳＡＲセンサー 　　　□ハイパースペクトルセンサー 　　　□熱赤外センサー
	構造：姿勢制御　三軸制御方式、スラスタ有 　　　打上重量　150kg 　　　発生電力　400W 　　　設計寿命　3年 　　　通信方式　Ｓ帯（アップリンク）、Ｘ帯（ダウンリンク） 　　　製造者　東京衛星製造株式会社
	性能：地上分解能（直下視）0.5m（パンクロ）2m（マルチ） 　　　バンド数　4バンド、観測幅　30km 　　　オンボードメモリ容量　120GB 　　　位置精度　10m CE90
衛星リモートセンシング	軌道長半径：○○km

グ装置が搭載された地球周回人工衛星の軌道	離心率：〇〇 軌道傾斜角：〇〇° 昇交点赤経：〇〇° 近地点引数：〇〇° 近地点通過時刻：〇〇
操作用無線設備等の場所、構造及び性能並びにこれらの管理の方法	場所：①東京都千代田区〇〇 　　　②北海道〇〇町〇〇番地 　　　③〇〇国　××州　△△ 構造：①無線所（衛星管制システム） 　　　②送信局（アンテナ、変復調設備等） 　　　③送信局（アンテナ、変復調設備等） 性能：変換符号生成機能を有する。 　　　軌道制御機能を有する。 管理の方法：①CAO-OP1 管理規程（C01-0011）による。 　　　　　　②CAO 送信局管理規程（C01-0001）による。 　　　　　　（現在、無線局免許申請中） 　　　　　　③XXX 送信局管理規程（X01-0001）による。
受信設備の場所、構造及び性能並びにその管理の方法	場所：①北海道八雲町〇〇 　　　②愛知県名古屋市〇〇 　　　③〇〇国　□□州　◇◇　（管理者：〇〇〇〇 Ltd.） 構造：①受信用アンテナ　②受信用アンテナ 性能：①及び② X 帯を受信。対応記録復元機能を有する。 管理の方法：①及び② CAO 受信局管理規程（C01-0001）による。
衛星リモートセンシング記録の管理の方法	CAO 衛星リモートセンシング記録管理規程（C01-0101） 規則第 7 条第 2 項のサービスを利用
申請者が個人である場合には、死亡時代理人の氏名又は名称及び住所	氏名又は名称： 住所：
衛星リモートセンシング装置の使用に係る業務を行う役員又は使用人の氏名及び住所	氏名：〇〇〇〇 住所：東京都千代田区〇〇〇〇
申請者以外の者が操作用無線設備等の管理を	氏名又は名称：〇〇〇〇 Ltd. 住所：〇〇国　□□州　△△

行う場合には、これらの管理を行う者の氏名又は名称及び住所	
申請者以外の者が受信設備の管理を行う場合には、その管理を行う者の氏名又は名称及び住所	氏名又は名称：○○○○ Ltd. 住所：○○国　◇◇州　△△
衛星リモートセンシング記録の利用の目的及び方法	目的：事業活動（地理空間情報分野） 方法：・記録の提供（データ販売） 　　　・付加価値製品・情報の提供（農業事業者向け、防災分野での情報提供）

2　申請者に関する事項

出資者の名称、出資比率及び国籍	名称：①○○重工業株式会社、②○○電気電子株式会社、 　　　③○○ Aerospace Ltd. 出資比率：①40%、②40%、③20% 国籍：　　①日本、②日本、③カナダ
主要取引先	○○省、○○商事、○○海運

備考　1　用紙の大きさは、日本工業規格Ａ４とすること。

　　　2　氏名を記載し、押印することに代えて、署名することができる。この場合において、署名は必ず本人が自署するものとする。

　　　3　衛星リモートセンシング記録の適正な取扱いの確保に関する法律施行規則第４条第２項各号に掲げる書類を添付すること。

様式第十三（第二十三条関係）

認定申請書

平成 29 年 11 月 16 日

内閣総理大臣　殿

（郵便番号）100-****

住　　所　東京都港区芝浦*-*-*

氏名

（法人にあっては、名称）

　　　　　□□□□株式会社　印

連 絡 先　〒100-****　東京都港区芝浦*-*-*

□□□□株式会社　総務グループ　千代田　一二三

電話：03-6205-****　内線 9999

電子メール：hifumi@xxx.com

　下記のとおり、衛星リモートセンシング記録を取り扱う者の認定を受けたいので、衛星リモートセンシング記録の適正な取扱いの確保に関する法律第２１条第２項の規定により、申請します。

記

1　取り扱う衛星リモートセンシング記録に関する事項

衛星リモートセンシング記録の区分	一（光学センサー・生データ） 五（光学センサー・標準データ）
衛星リモートセンシング記録の利用の目的及び方法	目的：事業活動（装置使用者への受信局の提供、地理空間情報分野） 方法： ・記録の提供（①衛星リモセン装置から受信したデータについて、暗号解除を行わずに装置使用者に提供する。②装置使用者から購入した記録の加工を行い提供する。） ・付加価値製品・情報の提供（土木建設事業者向け、防災分野情報提供）
衛星リモートセンシング記録の管理の方法	□□□□衛星画像管理規程（C-0119）による規則第 7 条第 2 項のサービスを利用

衛星リモートセンシング記録を受信設備で受信する場合には、その場所	住所：①北海道千歳市○○ ②熊本県上天草市○○
衛星リモートセンシング記録の取扱いに係る業務を行う役員又は使用人の氏名及び住所	氏名：□□　花子 住所：北海道札幌市○○○○
申請者以外の者が受信設備の管理を行う場合には、その管理を行う者の氏名又は名称及び住所	氏名又は名称：○○○○ 住所：東京都千代田区○○○—2

2　申請者に関する事項

資本者の名称、出資比率及び国籍	名称：□□□□ホールディングス 出資比率：100％ 国籍：日本
主要取引先	□□土木、□□建設、□□海洋開発

備考　1　用紙の大きさは、日本工業規格A4とすること。
　　　2　氏名を記載し、押印することに代えて、署名することができる。この場合において、署名は必ず本人が自署するものとする。
　　　3　衛星リモートセンシング記録の適正な取扱いの確保に関する法律施行規則第23条第2項各号に掲げる書類を添付すること。

事項索引

【編著代表】
大久保　涼　　弁護士・ニューヨーク州弁護士（長島・大野・常
　　　　　　　松法律事務所ニューヨーク・オフィス）

【共同編著】
大島　日向　　弁護士（中村・角田・松本法律事務所）

【著　者】
宇治野壮歩　　弁護士・ニューヨーク州弁護士（アマゾンジャパ
　　　　　　　ン合同会社）
髙橋　優　　　弁護士（長島・大野・常松法律事務所）
武原　宇宙　　弁護士（長島・大野・常松法律事務所）
岡﨑　巧　　　弁護士（長島・大野・常松法律事務所）
小原　直人　　弁護士（長島・大野・常松法律事務所）
川合　佑典　　弁護士（長島・大野・常松法律事務所）
松本　尊義　　弁護士（長島・大野・常松法律事務所）
松本　晃　　　弁護士（長島・大野・常松法律事務所）

宇宙ビジネスの法務

2021（令和3）年12月15日　初版1刷発行

編著代表　大久保涼

発行者　鯉渕友南

発行所　株式会社　弘文堂　　101-0062 東京都千代田区神田駿河台1の7
　　　　　　　　　　　　　　TEL 03(3294)4801　振替 00120-6-53909
　　　　　　　　　　　　　　https://www.koubundou.co.jp

装　丁　宇佐美純子

印　刷　三陽社

製　本　井上製本所

ISBN 978-4-335-35875-3